国家职业技能等级认定培训教材
高技能人才培养用书

焊　　工

（高　级）

主　编　周永东　吴宪宏
参　编　欧阳黎健　王　波　苏　振　龚兰芳
　　　　朱双龙　　朱　献　黄家庆　陈贞韬
主　审　尹子文　周培植

机 械 工 业 出 版 社

《焊工（高级）》是根据现行的《国家职业技能标准 焊工》编写的，是高级焊工掌握理论知识和操作技能的培训教材。其主要内容有：焊条电弧焊、熔化极气体保护焊、钨极氩弧焊、气焊、钎焊、自动熔化极气体保护焊、自动钨极氩弧焊、自动埋弧焊及机器人焊接。本书内容详尽、图文并茂，技能训练案例典型、操作性强，相关知识深入浅出、循序渐进，突出针对性和实用性。

本书可作为各级职业技能等级认定培训机构、企业培训部门、职业技术院校和技工院校的培训教材。

图书在版编目（CIP）数据

焊工：高级/周永东，吴宪宏主编. —北京：机械工业出版社，2024.4
国家职业技能等级认定培训教材　高技能人才培养用书
ISBN 978-7-111-75349-0

Ⅰ.①焊…　Ⅱ.①周…　②吴…　Ⅲ.①焊接-职业技能-鉴定-教材　Ⅳ.
①TG4

中国国家版本馆 CIP 数据核字（2024）第 054105 号

机械工业出版社（北京市百万庄大街 22 号　邮政编码 100037）
策划编辑：侯宪国　　　　　　　责任编辑：侯宪国　王　良
责任校对：甘慧彤　王　延　　　封面设计：马若濛
责任印制：刘　媛
涿州市般润文化传播有限公司印刷
2024 年 5 月第 1 版第 1 次印刷
184mm×260mm · 10 印张 · 240 千字
标准书号：ISBN 978-7-111-75349-0
定价：39.80 元

凡购本书，如有缺页、倒页、脱页，由本社发行部调换
电话服务　　　　　　　　　　网络服务
服务咨询热线：010-88379833　机工官网：www.cmpbook.com
读者购书热线：010-88379649　机工官博：weibo.com/cmp1952
　　　　　　　　　　　　　　教育服务网：www.cmpedu.com
封面无防伪标均为盗版　　金书网：www.golden-book.com

国家职业技能等级认定培训教材
编审委员会

主　任　李　奇　荣庆华

副主任　姚春生　林　松　苗长建　尹子文　周培植　贾恒旦

　　　　孟祥忍　王　森　汪　俊　费维东　邵泽东　王琪冰

　　　　李双琦　林　飞　林战国

委　员（按姓氏笔画排序）

　　　　于传功　王　新　王兆晶　王宏鑫　王荣兰　卞良勇

　　　　邓海平　卢志林　朱在勤　刘　涛　纪　玮　李祥睿

　　　　李援瑛　吴　雷　宋传平　张婷婷　陈玉芝　陈志炎

　　　　陈洪华　季　飞　周　润　周爱东　胡家富　施红星

　　　　祖国海　费伯平　徐　彬　徐丕兵　唐建华　阎　伟

　　　　董　魁　臧联防　薛党辰　鞠　刚

序

新中国成立以来，技术工人队伍建设一直得到了党和政府的高度重视。20世纪五六十年代，我们借鉴苏联经验建立了技能人才的"八级工"制，培养了一大批身怀绝技的"大师"与"大工匠"。"八级工"不仅待遇高，而且深受社会尊重，成为那个时代的骄傲，吸引与带动了一批批青年技能人才锲而不舍地钻研技术、攀登高峰。

进入新时期，高技能人才发展上升为兴企强国的国家战略。从2003年全国第一次人才工作会议明确提出高技能人才是国家人才队伍的重要组成部分，到2010年颁布实施《国家中长期人才发展规划纲要（2010—2020年）》，加快高技能人才队伍建设与发展成为国家战略之一。

习近平总书记强调，劳动者素质对一个国家、一个民族发展至关重要。技术工人队伍是支撑中国制造、中国创造的重要基础，对推动经济高质量发展具有重要作用。党的十八大以来，党中央、国务院健全技能人才培养、使用、评价、激励制度，大力发展技工教育，大规模开展职业技能培训，加快培养大批高素质劳动者和技术技能人才，使更多社会需要的技能人才、大国工匠不断涌现，推动形成了广大劳动者学习技能、报效国家的浓厚氛围。

2019年国务院办公厅印发了《职业技能提升行动方案（2019—2021年）》，目标任务是2019年至2021年，持续开展职业技能提升行动，提高培训针对性实效性，全面提升劳动者职业技能水平和就业创业能力。三年共开展各类补贴性职业技能培训5000万人次以上，其中2019年培训1500万人次以上；经过努力，到2021年底技能劳动者占就业人员总量的比例达到25%以上，高技能人才占技能劳动者的比例达到30%以上。

目前，我国技术工人（技能劳动者）已超过2亿人，其中高技能人才超过5000万人，在全面建成小康社会、战略性新兴产业不断发展的今天，建设高技能人才队伍的任务十分重要。

机械工业出版社一直致力于技能人才培训用书的出版，先后出版了一系列具有行业影响力、深受企业、读者欢迎的教材。欣闻配合现行的《国家职业技能标准》又编写了"国家职业技能等级认定培训教材"。这套教材由全国各地技能培训和考评专家编写，具有权威性和代表性；将理论与技能有机结合，并紧紧围绕《国家职业技能标准》的知识要求和技能要求编写，实用性、针对性强，既有必备的理论知识和技能知识，又有考核鉴定的理论和技能题库及答案；而且这套教材根据需要为部分教材配备了二维码，扫描书中的二维码便可观看相应资源；这套教材还配合天工讲堂开设了在线课程、在线题库，配套齐全，编排科学，便于培训和检测。

这套教材的出版非常及时，为培养技能型人才做了一件大好事，我相信这套教材一定会为我国培养更多更好的高素质技术技能型人才做出贡献！

中华全国总工会副主席

高凤林

前言

随着社会主义市场经济的迅猛发展，促使各行各业处于激烈的市场竞争中，人才的竞争是一个企业取得领先地位的重要因素，除了管理人才和技术人才，一线的技术工人，始终是企业不可缺少的核心竞争力量。我国的机械行业正在走向国际技术领域，面对世界的挑战，迫切需要高水平的技术人才。由此，我们按照中华人民共和国人力资源和社会保障部制定的《国家职业技能标准 焊工》，编写了《焊工（高级）》教材。本书结合岗位培训和考核的需要，为焊工岗位的高级工提供了实用、够用的技术内容，以适应激烈的市场竞争。

本书采用项目、模块的形式，为读者提供实用的培训内容。本书主要内容包括焊条电弧焊、熔化极气体保护焊、钨极氩弧焊、气焊、钎焊、自动熔化极气体保护焊、自动钨极氩弧焊、自动埋弧焊及机器人焊接。本书理论知识和操作技能相融合，为培养高水平的焊工人才提供了有效的途径。本书既可作为各级技能等级认定培训机构、企业培训部门的考前培训教材，又可作为读者考前的复习用书，还可作为职业技术院校、技工院校机械专业的专业课教材。

本书由周永东、吴宪宏主编，欧阳黎健、王波、苏振、龚兰芳、朱双龙、朱献、黄家庆、陈贞韬参与编写，全书由尹子文、周培植主审。本书在编写过程中得到了中车株洲电力机车有限公司工会及电气设备分公司的大力支持和帮助，在此表示衷心感谢。

鉴于焊接技术仍处于发展中，还需要大家进一步探索和验证，加上编者水平有限，书中不足之处在所难免，恳请广大读者批评指正。

编 者

目录

项目 1

焊条电弧焊

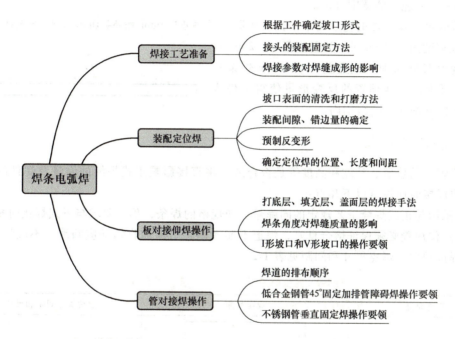

焊条电弧焊

- 焊接工艺准备
  - 根据工件确定坡口形式
  - 接头的装配固定方法
  - 焊接参数对焊缝成形的影响
- 装配定位焊
  - 坡口表面的清洗和打磨方法
  - 装配间隙、错边量的确定
  - 预制反变形
  - 确定定位焊的位置、长度和间距
- 板对接仰焊操作
  - 打底层、填充层、盖面层的焊接手法
  - 焊条角度对焊缝质量的影响
  - I形坡口和V形坡口的操作要领
- 管对接焊操作
  - 焊道的排布顺序
  - 低合金钢管45°固定加排管障碍焊操作要领
  - 不锈钢管垂直固定焊操作要领

1.1 焊条电弧焊工艺准备

1.1.1 接头的装配

常见接头形式的装配工艺参数见表 1-1。

表 1-1 常见接头形式的装配工艺参数

是否开坡口	接头形式	装配间隙/mm	错边量/mm	钝边/mm
不开坡口	薄件（≤2mm）平对接	≤0.5	≤0.2	—
开坡口	板-板 V 形坡口对接	始端为 3.2；终端为 4	≤1.4	1~2
	板-管骑坐式	2~3	—	1~2
	管-管 V 形坡口对接	2~3	≤2	1

1.1.2 预制反变形

试板焊接完成后，由于焊缝在厚度方向上的横向收缩不均匀，两侧钢板会离开原来位置向上翘起一个角度，这种变形称为角变形。解决该问题常用的方法是反变形法，即焊前将钢板两侧向下折弯，产生一个与焊后角变形相反方向的变形。

一般厚度为 10~12mm 板的反变形量为 3°。在现场时一般不方便测量角度，可将角度转化成板的上翘高度 Δ，如图 1-1 所示，$\Delta = b\sin\theta$。

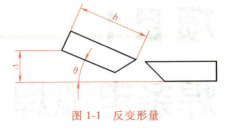

图 1-1 反变形量

式中　Δ——钢板上翘高度（mm）；

　　　θ——反变形的角度（°）；

　　　b——上翘板的宽度（mm）。

考核时可根据工件的宽度简单预置反变形，即将 $\phi3.2mm$ 和 $\phi4.0mm$ 的焊条垫在试件中间（钢板宽度为 100mm 时，放置直径 $\phi3.2mm$ 焊条；宽度为 125mm 时，放置直径 $\phi4.0mm$ 焊条），如图 1-2 所示，这样预置的反变形量使得工件焊后其变形角 θ 均在合格范围内。

图 1-2 预置反变形的方法

1.1.3　工件定位焊原则

定位焊缝的位置、长度和高度等是否合适，将直接影响正式焊缝的质量及焊件的变形。进行定位焊接时应注意以下几点：

1）采用与正式焊缝工艺规定的同牌号、同规格的焊条，预热要求与正式焊接时相同。

2）定位焊缝必须保证熔合良好，焊道不能太高。引弧和收弧端应圆滑，不应过陡。定位焊的焊接顺序、焊点尺寸和间距见表 1-2。

表 1-2　定位焊的焊接顺序、焊点尺寸和间距

焊件厚度	焊接顺序	定位焊点间距和尺寸
薄件（≤2mm）	6 4 2 1 3 5 7	焊点长度：≈5mm 间距：20~40mm
厚件	1 3 4 5 2	焊点（缝）长度：20~30mm 间距：200~300mm

注：焊接顺序也可视焊件的厚度、结构形状和刚度的情况而定。

3）定位焊点应离开焊缝交叉处和焊缝方向急剧变化处 50mm 左右，应尽量避免强制装配，必要时可增加定位焊缝长度或减小定位焊缝的间距。定位焊用电流应比正式焊接时的电流大 10%~15%。

4）定位焊后必须尽快正式焊接，避免中途停顿或存放时间过长。定位焊缝的余高不宜过高，定位焊缝的两端与母材应平缓过渡，以防止正式焊接时产生未焊透等缺陷。

5）在低温条件下定位焊接时，为了防止开裂，应尽量避免强行组装后进行定位焊，定位焊缝长度应适当加大，必要时采用碱性低氢型焊条。若定位焊缝开裂，则必须将裂纹处的焊缝铲除后重新定位焊。在定位焊之后，若出现接口不齐平，应进行校正，然后才能正式焊接。

1.1.4　焊条角度和动作的作用

焊条电弧焊时，焊缝表面成形的好坏、焊接生产效率的高低、各种焊接缺陷的产生，都与焊接运条的手法、焊条的角度和动作有着密切的关系。焊条角度和动作的作用见表1-3。

表1-3　焊条角度和动作的作用

焊条角度和动作	作用
焊条角度	防止立焊、横焊和仰焊时使熔化金属下坠 能很好地控制熔化金属与熔渣分离 控制焊缝熔池深度 防止熔渣向熔池前部流淌 防止咬边等焊接缺陷的产生
沿焊接方向移动	保证焊缝直线施焊 控制每道焊缝的横截面积
横向摆动	保证坡口两侧及焊道之间相互很好地熔合 控制焊缝获得预定的熔深与熔宽
焊条送进	控制弧长，使熔池有良好的保护 促进焊缝形成 使焊接连续不断地进行

1.1.5　焊接参数对焊缝成形的影响

焊接参数对焊缝成形的影响如图1-3所示。

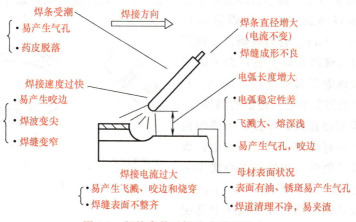

图1-3　焊接参数对焊缝成形的影响

1.2　倾斜45°固定管对接焊操作要领

1.2.1　焊接操作

倾斜45°固定管的焊接是一种常见位置的焊接，管子的焊接位置介于水平固定管和垂直固定管之间，示意图如图1-4所示。

（1）打底层的焊接　为达到单面焊双面成形，打底层应采用击穿焊法。倾斜管击穿焊接时，要始终保持熔池处于水平状态。由于焊缝的几何形状不易控制，因此内壁易出现上凸下凹，上侧焊缝易咬边，焊缝表面粗糙不平。

在操作时，将整圈焊缝分为前、后两半圈进行，引弧点在仰焊部位，先用长弧预热坡口根部，然后压低电弧，穿透钝边，形成熔孔。当听到"噗"的击穿声后，给足液态金属，然后运条施焊。若熔池因温度过高导致液态金属下坠，则应适当摆动焊条加以控制。

（2）其余各层的焊接　不论采用左向法还是右向法焊接，均采用斜椭圆形运条法。运条时将上坡口面斜拉画椭圆形圆圈的电弧拉到下坡口面边缘，再返回上坡口面边缘进行运条，保持熔池压上、下坡口各 2~3mm，如此反复，一直到焊完，如图 1-5 所示。

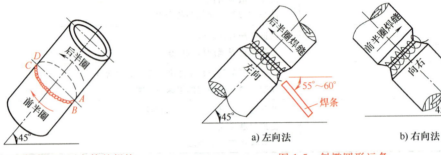

图 1-4　倾斜 45°固定管的焊接　　　　　图 1-5　斜椭圆形运条

（3）接头处的焊接　由于上部接头相对下部接头较容易，在此不做赘述，主要介绍下部接头的三种方法。

1）第一种接头方法。前半圈焊缝从下接头正斜仰位置的前焊层焊道中间引弧；再将电弧拉向下坡口面或边缘（盖面层焊接时），并越过中心线 10~15mm，右向画圈，小椭圆形运条，逐渐增大椭圆形向上坡口面或边缘过渡，使前半圈焊缝下起头呈斜三角形，并使其形成下坡口处高和上坡口处低的斜坡形；然后进行右向椭圆形运条、焊接，保持熔池呈水平椭圆状，一直焊到上接头。到上接头时要使焊缝呈斜三角形，并越过中心线 10~15mm。接头焊接法（一）如图 1-6 所示。

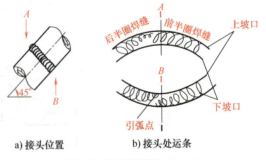

a）接头位置　　　b）接头处运条

图 1-6　接头焊接法（一）

后半圈焊缝从前半圈焊缝下起头处前层焊道中间引弧，引弧后加热焊道 1~2s，然后在上坡口用斜椭圆形运条法拉薄熔敷金属至下坡口面或边缘，将前半圈焊缝的斜三角形起头完全盖住，然后一直用左向斜椭圆形运条法焊接，使熔池呈水平状。焊到上接头时，逐渐减小椭圆形进行运条，并与前半圈焊缝收尾处圆滑相接。

2）第二种接头方法。前半圈焊缝下起头从上坡口开始过中心线 10~15mm，然后向右斜拉至下坡口，以斜椭圆形运条法使起头呈上尖角形斜坡状。后半圈焊缝从尖角下部开始，用从小到大的左向划斜椭圆形运条法施焊，一直焊到上接头为止，如图 1-7 所示。

3）第三种接头方法。该方法适用于大直径、厚壁管子的接头。先在下坡口面引弧，连弧操作，压坡口边缘进行焊接，使边缘熔化 2~3mm，然后横拉焊条运条至上坡口，使上坡口面边缘熔化 1.5~2mm，焊成 1 个三角形或梯形底座。前半圈、后半圈两焊缝均从上坡口面至下坡口面用斜椭圆形运条施焊，将三角形底座边缘盖住，然后再一直焊到上部接头为止，如图 1-8 所示。

图 1-7　接头焊接法（二）　　　　图 1-8　接头焊接法（三）

1.2.2　焊后检查

（1）**焊缝清理**　焊完焊缝后，用敲渣锤清除焊渣，用钢丝刷进一步将焊渣、焊接飞溅物等清理干净。焊缝处于原始状态，交付专职检验前不得对各种焊接缺陷进行修补。

（2）**外观质量要求**

1）焊缝尺寸要求：焊缝宽度、余高、余高差及焊缝直线度等符合质量要求。

2）焊接缺陷：焊缝表面不允许存在裂纹、未熔合、夹渣、气孔和焊瘤。

（3）**无损检测**　焊后进行着色检验，以检验焊缝表面或近表面有无气孔、夹渣、裂纹、未熔合等缺陷。

1.3　焊条电弧焊技能训练实例

技能训练 1　低合金钢板 I 形坡口对接仰焊焊条电弧焊

1. 焊前准备

1）试件材料：Q355 钢板，规格为 300mm×100mm×5mm，2 件，I 形坡口，如图 1-9 所示。

2）焊接材料：E5015 焊条，φ3.2mm，焊前按规定烘干，随用随取。

3）焊接要求：单面焊双面成形。

4）焊接设备：ZX5-400 型直流弧焊机。

2. 装配定位焊

1）清除坡口面及坡口面正反两侧各 20mm 范围内的油污、锈蚀、水分及其他污物，直至露出金属光泽。

2）装配间隙为 1.5~2mm，错边量≤0.5mm。

3）定位焊采用与焊接试件相同牌号的焊条，定位焊缝长度为 10mm，并固定在焊接支架上。

3. 焊接参数

I 形坡口对接仰焊焊接参数见表 1-4。

图 1-9　坡口示意图

表 1-4 I 形坡口对接仰焊焊接参数

焊道分布	焊接层次	焊条直径/mm	焊接电流/A	电弧电压/V
 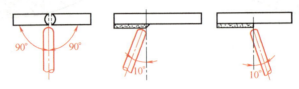	打底层（1）	3.2	90~95	22~24
	盖面层（2）	3.2	85~95	22~24

4. 操作要点及注意事项

1）仰焊操作常见的姿势为蹲式，身体偏左侧，便于握焊钳的右手操作，并防止熔化金属落在身上，焊条角度如图 1-10 所示。

图 1-10 对接仰焊时焊条角度

2）采用直线形或直线往返形运条法，短弧操作。

3）打底焊采用直径为 3.2mm 的焊条，电流可稍大些，目的在于使熔滴和熔池金属有足够的电弧压力，使根部熔透并减小背面凹陷。若熔池温度过高，可适当挑弧或灭弧。焊接时，由远及近的运条，移动速度尽可能快一些；熔池应小一些，焊道薄一些，以防止熔池金属下坠。

4）盖面层焊接前，应将第一层焊道熔渣及飞溅物清理干净。采用直径为 3.2mm 的焊条，焊条角度如图 1-10 所示。操作时采用月牙形或锯齿形运条，电弧要短，焊道要薄。当运条至焊道两侧时应稍停、稳弧，保证两边熔合良好，防止咬边。此外应保持熔池外形平直，若有凸形出现，可使焊条在两侧停留时间稍长一些，必要时做灭弧动作，以保证焊缝成形均匀平整。

5. 焊缝质量检验

1）焊缝尺寸要求。焊缝宽度 8~10mm，宽度差 ≤2mm，焊缝余高为 0.5~3mm，余高差 ≤2mm，焊缝直线度 ≤2mm。

2）焊接缺陷。焊缝表面不允许存在裂纹、未熔合、夹渣、气孔和焊瘤。咬边深度 ≤0.5mm，两侧咬边总长度不超过焊缝有效长度的 10%；未焊透深度 ≤0.5mm，长度不超过焊缝有效长度的 15%。

技能训练 2 低合金钢板 V 形坡口对接仰焊焊条电弧焊

1. 焊前准备

1）试件材料：Q355 钢板，规格为 300mm×100mm×12mm，2 件，如图 1-11 所示，V 形坡口，坡口角度为 60°±5°。

2）焊接材料：E5015 焊条，φ2.5mm、φ3.2mm，焊条烘焙温度为 350~400℃，恒温 2h，随用随取。

3）焊接要求：单面焊双面成形。

4）焊接设备：ZX5-400 型直流弧焊机或 BX3-300 型交流弧焊机。

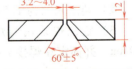

图 1-11 低合金钢板 V 形坡口对接仰焊试件

5）焊接电流种类：直流反接法或交流。

2. 装配定位焊

1）修磨钝边 0.5~1mm，无毛刺。

2）焊前清理：清除坡口面及坡口两侧各 20mm 范围内的油污、锈蚀、水分及其他污物，直至露出金属光泽。

3）装配间隙始端为 3.2mm，终端为 4.0mm，可以分别用 ϕ3.2mm 和 ϕ4.0mm 焊条芯夹在试件两端。放大终端间隙是考虑到焊接过程中的横向收缩量，以保证熔透坡口根部所需的间隙，如图 1-12 所示，错边量≤1.2mm。

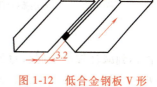

图 1-12 低合金钢板 V 形坡口和预留间隙示意

4）定位焊：采用与焊接试件相同牌号的焊条，在试件背面距两端 20mm 内进行定位焊。焊缝长度为 10~15mm。

5）预制反变形角度为 3°~4°。

6）将试件水平固定在距离地面 800~900mm 的焊接支架上，坡口向下，间隙小的始端位于远处。

3. 焊接参数

低合金钢板 V 形坡口对接仰焊焊接参数见表 1-5。

表 1-5　低合金钢板 V 形坡口对接仰焊焊接参数

焊道分布	焊接层次	焊条直径/mm	焊接电流/A
	打底层（1）	2.5	65~75
	填充层（2、3）	3.2	90~100
		3.2	110~120
	盖面层（4）	3.2	105~115

4. 操作要点及注意事项

V 形坡口对接仰焊单面焊双面成形是焊接位置中最困难的一种。为防止熔化金属下坠使正面产生焊瘤，背面产生凹陷，操作时，必须采用最短的电弧长度。施焊时采用多层焊或多层多道焊。

1）打底焊。打底焊可采用连弧焊手法，如图 1-13a 所示，也可以采用灭弧击穿法（一点法、二点法）。连弧焊手法的操作如下：

① 引弧。在定位焊缝上引弧，并使焊条在坡口内做轻微横向快速摆动，当焊至定位焊缝尾部时，应稍做预热，将焊条向上顶一下，听到"噗噗"声时，此时坡口根部已被熔透，第一个熔池已形成，需使熔孔向坡口两侧各深入 0.5~1mm。

② 运条方法。采用直线往返或小幅度锯齿形运条法运条，横向摆动，短弧，向右前连续施焊。当焊条摆动到坡口两侧时，需稍做停顿（1~2s 左右），使填充金属与母材熔合良好，并应防止与母材交界处形成夹角，以免清渣困难。

③ 焊条角度。焊条与试板夹角为 90°，与焊接方向夹角为 60°~70°，如图 1-13b 所示。

④ 采用短弧施焊。利用电弧吹力把熔化金属托住，并将部分熔化金属送到试件背面。应使新熔池覆盖前一熔池的 1/2~2/3，适当加快焊接速度，以减小熔池面积和形成薄焊道，

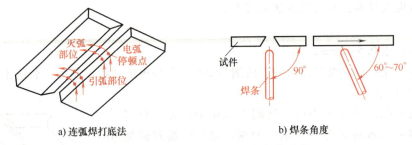

a) 连弧焊打底法　　　　　b) 焊条角度

图 1-13　单面焊双面成形仰焊操作示意

从而达到减轻焊缝金属自重的目的。焊层表面要平直，避免下凸，否则将给下一层焊接带来困难，并易产生夹渣、未熔合等缺陷。

⑤ 焊道接头。更换焊条前，先在熔池前方做一熔孔，然后将电弧向焊接反方向的左侧或右侧坡口面回拉 10~15mm，使接头处呈斜面状。焊道接头采用热接法或冷接法。

采用热接法时，在距弧坑前约 10mm 处的坡口面将电弧引燃，当运条到弧坑根部时，应缩小焊条与焊接方向的夹角，同时将焊条顺着原先熔孔向坡口处顶一下，听到"噗噗"声后稍停，再恢复正常手法焊接。热接法更换焊条的动作越快越好。

采用冷接法时，在弧坑冷却后，用砂轮和扁铲在弧坑处修整出一个长 10~15mm 的斜坡，在斜坡上引弧并预热，使弧坑温度逐步升高，然后将焊条顺着原先熔孔迅速上顶，听到"噗噗"声后稍作停顿，恢复正常手法焊接。

灭弧焊手法的操作如下：

① 引弧。在定位焊缝上引弧，然后焊条在始焊部位坡口内作轻微快速横向摆动，当焊至定位焊缝尾部时，应稍作预热，并将焊条向上顶一下，听到"噗噗"声后，表明坡口根部已被焊透，第一个熔池已形成，并使熔池前方形成向坡口两侧各深入 0.5~1mm 的熔孔，然后焊条向斜下方灭弧。

② 焊条角度。焊条与焊接方向的夹角为 60°~70°，如图 1-13b 所示。采用直线往返运条法施焊。

③ 采用两点击穿法。坡口左、右两侧钝边应完全熔化，并使两侧母材各熔化 0.5~1mm。灭弧动作要快，干净利落，并使焊条总是向上探，利用电弧吹力可有效地防止背面焊缝内凹。灭弧与接弧时间要短，灭弧频率为 30~50 次/min，每次接弧位置要准确，焊条中心要对准熔池前端与母材的交界处。

④ 接头。更换焊条前，应在熔池前方作一熔孔，然后回带 10mm 左右再熄弧。迅速更换焊条后，在弧坑后面 10~15mm 远处的坡口内引弧，用连弧手法运条到弧坑根部时，将焊条沿着预先做好的熔孔向坡口根部顶一下，听到"噗噗"声后稍停，在熔池中部斜下方灭弧，随即恢复原来的灭弧焊手法。

2）填充焊。可采用多层焊或多层多道焊。

① 多层焊。应将第一层的熔渣、飞溅物清理干净，若有焊瘤应修磨平整。在距焊缝始端 10mm 左右处引弧，然后将电弧拉回到起始焊处施焊（每次接头都应如此）。采用短弧月牙形或锯齿形运条法施焊，如图 1-14 所示。焊条与焊接方向夹角为 85°~90°，焊条运条到焊道两侧一定要稍停片刻，中间摆动速度要尽可能快，以形成较好的焊道，保证让熔池呈椭

圆形，大小一致，防止形成凸形焊道。

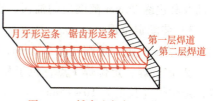

② 多层多道焊。宜用直线运条法，焊道的排列顺序如图1-15a所示，焊条的位置和角度应根据每条焊道的位置做相应的调整，如图1-15b所示。每条焊道互相之间要搭接1/2～2/3。并认真清渣，以防止焊道间脱节和夹渣。填充层焊完后，其表面应距试件表面1mm左右，保证坡口的棱边不被熔化，以便盖面层焊接时控制焊缝的直线度。

图1-14　低合金钢板V形坡口对接仰焊的运条方法

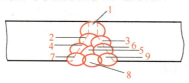

a) 焊道的排列顺序

b) 焊条的位置和角度

图1-15　低合金钢板V形坡口对接仰焊的多层多道焊

3）盖面层焊接。盖面层焊接前需仔细清理熔渣及飞溅物。焊接时可采用短弧，月牙形或锯齿形运条法运条。焊条与焊接方向夹角为85°～90°，焊条摆动到坡口边缘时稍作停顿，以坡口边缘熔化1～2mm为准，以防止咬边。保持熔池外形平直，若有凸形出现，可使焊条在坡口两侧停留时间稍长一些，必要时做灭弧动作，以保证焊缝成形均匀平整。更换焊条时采用热接法。更换焊条前，应对熔池填几滴熔滴金属，迅速更换焊条后，在弧坑前10mm左右处引弧，再把电弧拉到弧坑处画一小圆圈，使弧坑重新熔化，随后进行正常焊接。

5. 焊缝质量检验

1）焊缝尺寸要求。焊缝宽度18～22mm，宽度差≤2mm；焊缝余高0.5～3mm，余高差≤2mm；焊缝直线度≤2mm。

2）焊接缺陷。焊缝表面不允许存在裂纹、未熔合、夹渣、气孔和焊瘤。咬边深度≤0.5mm，两侧咬边总长度不超过焊缝有效长度的10%；未焊透深度≤0.5mm，长度不超过焊缝有效长度的15%。

技能训练3　低碳钢管45°固定加排管障碍焊条电弧焊

1. 焊前准备

1）试件材料：20钢管，规格为$\phi 51mm \times 3mm$，$L = 100mm$，6件，坡口面角度为32°±2°，如图1-16所示。

2）焊接材料：E4303焊条，直径$\phi 2.5mm$，焊前在75～150℃温度下烘干，保温1～2h。

3）焊接要求：单面焊双面成形。

4）焊接设备：BX3-500型交流弧焊机。

2. 装配定位焊

1）修磨钝边1～2mm。

2）焊前清理：用角磨机或锉刀将试件坡

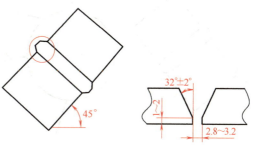

图1-16　坡口示意图

口面及其边缘20mm范围内的油污、铁锈清除干净，直至露出金属光泽。

3）装配定位焊。

① 装配间隙：始端间隙2.5mm，终端间隙3.2mm。

② 定位焊：定位焊1点，位于相当于时钟面12点处，用E4303、直径ϕ2.5mm焊条焊接，定位焊缝长度为10~15mm。

③ 将定位焊缝修磨成缓坡状，以便于接头。

4）将分别装配好的三个管试件固定在倾斜45°的300mm×100mm板子上，管子间距90mm，管中心到边的距离60mm，如图1-17所示。高度可根据实际情况确定，焊接过程中不得取下。

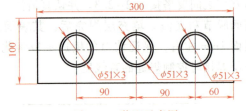

图1-17 装配示意图

3. 焊接参数

低碳钢管45°固定加排管障碍焊的焊接参数见表1-6。

表1-6 低碳钢管45°固定加排管障碍焊的焊接参数

焊接层次	焊条直径/mm	焊接电流/A	电弧电压/V
打底层	2.5	75~85	22~26
盖面层	2.5	70~80	22~26

4. 操作要点及注意事项

（1）**打底层焊接** 采取断弧逐点焊接方法焊接，焊条角度变化如图1-18所示。焊条在相当于时钟面6点位置引燃，拉至过中心10mm处，焊条前端对准坡口间隙，在两钝边做小的横向摆动。当钝边和焊条熔滴熔化连在一起时，焊条上送坡口底，产生第一个熔孔，形成熔池后即可灭弧。第一个熔池变成暗红色时，焊条在坡口上侧引燃电弧，横拉至熔孔，稍作停留，击穿钝边，产生新的熔孔，形成熔池后焊条斜拉到下坡口根部，稍作停留，并形成整体熔池后焊条向斜前方，迅速灭掉电弧，如此反复焊接，即形成了打底焊道。

左半圈焊接方法与右半圈相同。打底层焊完以后彻底清渣，并把局部凸出铲平，进行盖面层焊接。

（2）**盖面层焊接** 盖面层焊接可采用断弧焊或连弧焊两种焊接方法。焊接时，焊条与试件相对位置与打底层焊接相同。开始与收尾部位留出一个待焊三角区，便于接头和收尾，如图1-19所示。

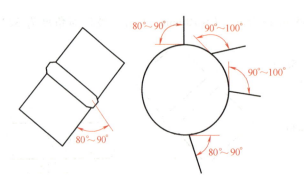

图1-18 焊条角度变化

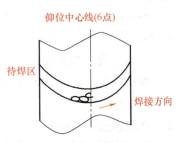

图1-19 开始部位示意图

1）断弧焊接：焊条在打底焊道相当于时钟6点位置处引燃电弧，移至过中心10mm处，在下坡口边缘压低电弧，稍加停顿，待焊条铁液与下坡口边缘熔合在一起。产生熔池后，焊条做小的斜锯齿形摆动，逐渐扩大熔池。达到焊缝宽度以后，焊条在上坡口边缘稍加停顿，待焊条铁液与上坡口熔化形成整体熔池后，焊条采取月牙形运条法，斜拉至下坡口边缘，稍加停顿，焊条铁液与下坡口熔化在一起时，迅速灭掉电弧。当熔池变成暗红色时，焊条立即在上坡口熔池处引燃，重复刚才焊接过程，斜拉至下坡口灭弧，依次循环，每个新熔池覆盖前一个熔池2/3，形成表面焊缝。焊接过程中，焊条摆动到坡口两侧时，要稍作停留，并熔化坡口边缘1~2mm，防止咬边。焊条斜拉运条时，要使熔池铁液处于水平状态，控制焊缝成形。

2）连弧焊：焊条在相当于时钟面6点位置处引燃电弧，压低电弧，拉至过中心10mm处，在下侧坡口边缘稍作停顿，焊条熔滴与下坡口边缘熔化。产生熔池后，焊条采取斜锯齿形运条方法，把熔池一点点扩大，并保证下坡口边缘熔化。达到焊缝宽度后，焊条在两侧坡口边缘停留时间长一些，并熔化坡口1~2mm。焊条摆动运条时，要控制熔池，使熔池的上下轮廓线基本处于水平位置。

3）收弧方法：焊条焊完或调整位置收弧时，焊条斜拉至下坡口，待下坡口边缘熔化后，焊条向熔池中填充2~3滴铁液，留出一个待焊三角区，熔池缩小后，迅速灭弧。

4）接头方法：仰焊、立焊位置接头时，焊条引燃后压低电弧移动到上坡口待焊三角区尖端，稍加停顿，上坡口边缘熔化形成熔池后，焊条直接从待焊三角区尖端斜拉至坡口下部边缘，下部边缘熔化形成熔池后，进行正常焊接。

在相当于时钟面12点位置处接头时，焊条焊至待焊三角区时，待下侧坡口边与待焊三角区尖端熔化并形成整体熔池后，逐渐缩小熔池，填满待焊三角区后再收弧。

（3）注意事项

1）操作中应注意焊条角度要随焊缝的空间位置的变化做相应的调整，且应始终保持熔池处于水平状态。

2）定位焊要保证管子轴线对正，一点定位。

5. 焊接质量检验

1）焊缝尺寸。焊缝宽度每侧比坡口增宽0.5~2.5mm，宽度差≤2mm；焊缝余高为0~4mm；焊缝余高差≤3mm。

2）允许缺陷。咬边深度≤0.5mm，焊缝两侧咬边总长度≤15mm；试件的错边量≤2mm。

3）通球试验。球的直径为$S\phi37.4$mm。

技能训练4　不锈钢管垂直固定焊条电弧焊

1. 焊前准备

1）试件材料：06Cr19Ni10不锈钢管，规格为$\phi76$mm×5mm，用车床加工坡口（单边坡口角度为30°），试件加工坡口如图1-20所示。

2）焊接要求：单面焊双面成形。

3）焊接材料：E308-16钛钙型药皮不锈钢焊条，直径为$\phi2.5$mm，焊前在300~350℃温度下烘干1h。烘干后的焊条放在焊条保温筒内随用随取，焊条在烘干炉外停留时间不得超过 4h，否则焊条必须放在炉中重新烘干。焊条重复烘干次数不得超过 3 次。

4）焊接设备：选用 ZX5-400 型直流弧焊机。

2. 装配定位焊

1）焊前清理：用角磨机将管试件两侧坡口面及坡口边缘各 20mm 范围以内的油污、铁锈等清除干净，直至露出金属光泽。

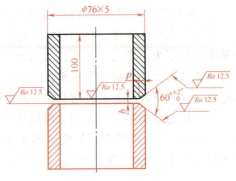

图 1-20　坡口加工示意图

2）装配定位焊。

① 装配间隙。预留装配间隙为 2.5mm（用 ϕ2.5mm 焊条头夹在试管坡口的钝边处，将两试管定位焊焊牢，然后用敲渣锤打掉定位焊用的 ϕ2.5mm 焊条头即可）。

② 定位焊：定位焊 2 点，位于相当于时钟面 2 点、10 点位置处的焊缝两端坡口内，用 ϕ2.5mm 的 E308-16 焊条进行定位焊接，定位焊缝长为 10～15mm（定位焊缝焊在正面焊缝处），对定位焊缝的焊接质量要求与正式焊缝一样。

③ 将定位焊缝修磨成缓坡状，以便于接头。

3）将装配好的管试件固定在一定高度的架子上，高度根据实际情况确定，焊接过程中不得取下。

3. 焊接参数

不锈钢管垂直固定焊条电弧焊的焊接参数见表 1-7。

表 1-7　不锈钢管垂直固定焊条电弧焊的焊接参数

焊接层次	焊条直径/mm	焊接电流/A	焊接速度/（mm/min）
打底层	2.5	65～85	60～80
盖面层	2.5	70～80	90～110

4. 操作要点及注意事项

1）打底层的焊接操作。

① 焊接方向为从左向右，采用斜椭圆形运条或锯齿形运条法，焊接时始终保持短弧施焊。

② 焊接过程中，为防止熔池金属产生泪滴形下坠，电弧在上坡口侧停留的时间应略长些，同时要有 1/3 电弧通过坡口间隙在管内燃烧。电弧在下坡口侧只是稍加停留并有 2/3 的电弧通过坡口间隙在管内燃烧。

③ 打底层焊缝应在坡口正中偏下，焊缝上不要有尖角，下部不允许出现熔合不良等缺陷。

④ 打底层连弧焊时，在焊条向前运条的同时可以做横向摆动，将坡口两侧各熔化 1～1.5mm，操作时尽量采用小电流及短弧焊。应该指出的是，焊条的摆动宽度不应超过其直径的 2.5 倍。

⑤ 在打底层焊接过程中，还要注意保持熔池的形状和大小，给背面焊缝成形美观创造条件。与定位焊缝接头时，焊条在焊缝接头的根部要向前顶一下，听到"噗、噗"声后，

稍做停留即可收弧停止焊接（或快速移弧到定位焊缝的另一端继续焊接）。

⑥ 打底层焊缝更换焊条时，采用热接法，在焊缝熔池还处在红热状态下时，快速更换焊条，引弧并将电弧移至收弧处，这时弧坑的温度已经很高了，当看到弧坑处有"出汗"的现象时，迅速将焊条向熔孔处下压，听到"噗、噗"两声后，提起焊条正常地向前焊接，焊条更换完毕。

⑦ 打底层焊缝焊接过程中，焊条与焊管下侧的夹角为 70°～80°，与管子切线的夹角为 70°～75°。

2）盖面层的焊接操作。

① 盖面层有上下两条焊缝，采用直线形运条法，焊接过程中不摆动焊条。焊前将打底层焊缝的焊渣及飞溅物等清理干净，用角磨机修磨向上凸的接头焊缝。

② 盖面层焊缝的焊接顺序是：自左向右、自下而上。

③ 盖面层采用短弧焊接，焊条角度与运条操作如下：

第一道焊缝焊接时，焊条与管子下侧的夹角为 75°～85°，并且 1/3 直径的电弧在母材上燃烧，使下坡口母材边缘熔化 1～2mm，如图 1-21a 所示。

第二道焊缝焊接时，焊条与管子下侧的夹角为 75°～85°，并且第二条

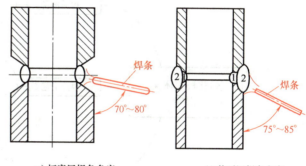

a）打底层焊条角度　　b）盖面层焊条角度

图 1-21　不锈钢管垂直固定焊条电弧焊焊条角度

焊缝的 1/3 搭在第一条焊缝上，第二条焊缝的 2/3 搭在母材上，使上坡口母材边缘熔化 1～2mm，如图 1-21b 所示。

3）焊缝清理。焊完焊缝后，用敲渣锤清除焊渣，再用钢丝刷进一步将焊渣、焊接飞溅物等清理干净。

复习思考题

1. 板-板对接单面焊双面成形时，如何在焊前预制反变形？

2. 板厚为 2mm 的 Q235B 钢板平对接装配时，定位焊的长度如何确定？

3. 怎样制定 12mm 厚 Q355B 钢板对接仰焊的坡口参数？

4. 焊条角度和动作的作用有哪些？

5. 低合金板对接仰焊操作时，I 形坡口和 V 形坡口的操作区别是什么？

6. 热接法和冷接法的操作区别是什么？

7. 低碳钢管 45°固定加排管障碍焊的焊接顺序如何确定？

8. 不锈钢管垂直固定焊条电弧焊打底焊和盖面焊的焊条角度有什么区别？

项目2

熔化极气体保护焊

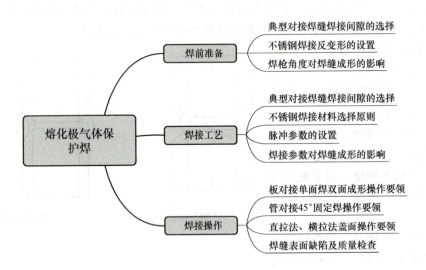

2.1 熔化极气体保护焊工艺准备

2.1.1 焊接间隙的选择

一般情况下，板厚在3mm以下对接焊缝，通常不需要加工焊接坡口，装配间隙$b \leqslant$板厚（t）；板厚在6mm以上的对接焊缝，通常需要加工焊接坡口，装配间隙控制在$0 \sim 3$mm为宜。

焊接间隙是否合理，以操作时熔滴可顺利熔透根部坡口，又不至于穿孔为宜。典型对接焊缝的焊接间隙要求见表2-1。

2.1.2 焊枪角度的影响

焊枪角度的变化会影响焊缝表面的成形质量，如图2-1所示。对于仰焊、立向上焊，熔池由于自重下坠，成形比较困难，施焊时还应随时调整焊枪倾角，"顶"住铁液，防止下流。

2.1.3 不锈钢焊接材料的选择

不锈钢焊材的选择应主要从两方面考虑：

1）应选择含碳量低和含稳定化元素，并且含适量铁素体促进元素（Cr、Mo、Si等）的焊材，同时要限制焊缝中的杂质含量。

表 2-1　典型对接焊缝的焊接间隙要求

名称	图示	符号	坡口预加工剖面图	符号标识	坡口角度 $\alpha(°)$	焊接间隙 b/mm	钝边厚度 c/mm
I 形对接焊缝		II			—	0~3	—
V 形对接焊缝		V			50~60	0~3	0~2
X 形对接焊缝		X			50~60	0~3	1~2

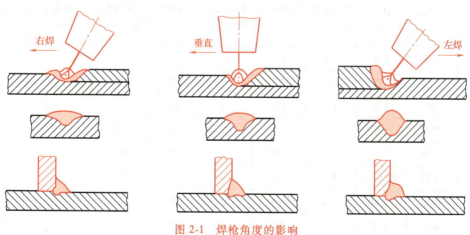

图 2-1　焊枪角度的影响

2）所选焊材中的主要合金元素 Cr、Ni 含量要适当高于母材，以弥补因熔焊造成的合金元素烧损。

例如，奥氏体不锈钢为最常见的不锈钢材料，其焊接材料可以选用 ER308L。

2.1.4　不锈钢焊接反变形的设置

不锈钢板平焊过程中，为抵消焊接变形的影响，同样需要预制反变形。考虑到不锈钢的变形要大于低碳钢（以及低合金钢），预制反变形量要稍大于低碳钢板，通常预制 4°~5°的反变形，在实际焊接过程中，可根据焊接后的变形抵消情况作适当调整。

2.1.5 脉冲参数对焊缝成形的影响

基值电流与一个频率可调的脉动电流相叠加，即可获得脉冲电流。采用脉冲 MIG 焊（熔化极惰性气体保护焊），使用小于临界电流的平均电流值焊接，可通过调整脉冲参数控制焊缝成形，细化焊缝组织和改善焊缝抗裂性能。脉冲焊常用 $\phi 1.6mm$ 以下焊丝焊接。

根据所焊工件的不同，焊工可对脉冲电流强度和间隔时间进行调整，从而调节实际焊接电流的大小。此外，每个脉冲的通电时间也可随意调整，经组合可调节出合理的脉冲电流值，其数值大小可根据母材种类、板材厚度、焊缝形式、焊接位置、焊丝直径和保护气体等因素进行调整和改变。脉冲重要参数的作用如下：

1）基值电流。基值电流足够高，可以保证电弧在两脉冲电流间歇期间稳定燃烧，但要注意电流过高会导致在两脉冲电流间歇期间的熔滴过渡。

2）脉冲电流。脉冲电流的大小和周期应确保金属熔滴的无短路过渡。脉冲电流过大会导致飞溅过大和焊缝表面缺陷（咬边）。

3）脉冲频率。随着脉冲频率的增加，金属熔滴过渡数量和电弧功率增加。通常随板厚等不同因素变化，可选择不同的脉冲频率（5Hz、50Hz 和 100Hz 等）。

奥氏体不锈钢脉冲 MIG 焊工艺参数见表 2-2。

表 2-2　奥氏体不锈钢脉冲 MIG 焊工艺参数

板厚 /mm	焊接位置	坡口 形式	焊丝直径 /mm	焊接电流 /A	脉冲电流 平均值/A	电弧电压 /V	焊接速度 /(mm/min)	气体流量 /(L/min)	保护气体 (体积分数，%)	
									Ar	O₂
1.6	平焊	Ⅰ形	1.2	120	65	22				
1.6	立焊	90°V 形	0.8	80	30	20	600			
1.6	横焊	Ⅰ形	1.2	120	65	22				
1.6	仰焊	Ⅰ形	1.2	120	65	22	700			
3	平焊	Ⅰ形	1.2	200	20	25	600			
3	立焊	90°V 形	1.2	120	50	21	600	20	98	2
3	横焊	Ⅰ形	1.2	200	70	24	650			
3	仰焊	Ⅰ形	1.6	200	70	24				
6	平焊		1.6	200	70	23	360			
6	立焊		1.2	180	50	23	450			
6	横焊	60°V 形	1.6	200	70	23	600			
6	仰焊		1.2	180	60	23	600			

2.1.6 焊接参数对焊缝成形的影响

熔化极气体保护焊焊接参数对焊缝成形的影响如图 2-2 所示。

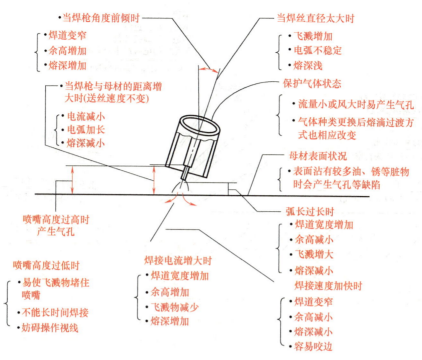

图 2-2 焊接参数对焊缝成形的影响

2.2 焊缝表面缺陷及质量检查

低碳钢焊接焊缝表面质量缺陷主要有裂纹、未熔合、咬边、气孔和焊瘤等，其产生原因是多方面的，设备性能不佳、环境条件不适合焊接、焊接操作失误或参数调节不当都会造成焊接缺陷。以下是咬边（图 2-3）、气孔（图 2-4）焊接缺陷产生的主要原因。

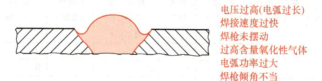

电压过高(电弧过长)
焊接速度过快
焊枪未摆动
过高含量氧化性气体
电弧功率过大
焊枪倾角不当

图 2-3 咬边

与低碳钢焊接相同，不锈钢焊缝同样会产生裂纹、未熔合、咬边、气孔和焊瘤等表面质量缺陷，其产生的原因也基本相同。所不同的是，不锈钢属于高合金耐蚀钢，合金成分含量远高于低碳钢，焊接熔池比低碳钢黏稠，熔池流动性差，更容易产生焊缝厚度过大、余高过大、焊瘤等外观缺陷。在焊接过程中，应选择较小的焊接电流、较快的焊接速度，从而减少焊接热输入、提高焊缝质量，并防止焊缝金属过量堆积，改善外观成形。

表面焊接缺陷中的裂纹、未熔合、焊瘤通常不允许出现；咬边、气孔等表面缺陷，根据相应的质量标准，允许在一定的尺寸、长度、范围内出现。焊接质量检查举例如图 2-5 所示。

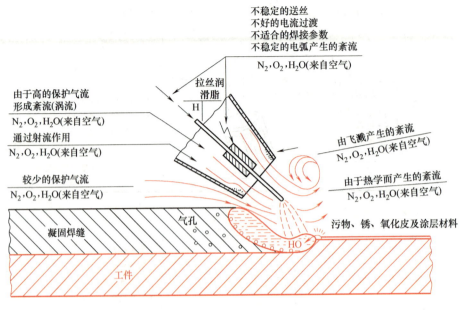

图 2-4　气孔

焊接试件检验结果 — 对接焊缝（BW）
ISO 9606 - 1

考试项目：ISO 9601 - 1　135-P-BWS-t03-PA-ss-nb　　　　　　评定标准：ISO 5817

1. 焊缝外观检验（VT）

试件编号	表面焊缝的外观检验				根部焊缝的外观检验				评定结果
	焊缝余高 $h \leqslant 1+0.15b$ 最高7mm	裂纹/气孔（B级）	咬边 $h \leqslant 0.5mm$	接头缺陷	根部凸起 $h \leqslant 1+0.6b$ 最高4mm	未焊透（B级）	咬边 $h \leqslant 0.5mm$	接头缺陷	
2-1	1.5	e	0	e	1	e	0	e	e
2-2	2	e	0	e	2	e	0	e	e
2-3	1	e	0	e	2	e	0	e	e

2. 焊缝断口检验

试件编号	断口检验—正面/反面				评定结果
	气孔（B级）	夹渣（B级）	裂纹（B级）	未熔合（B级）	
2-1	e	e	e	e	e
2-2	e	e	e	e	e
2-3	e	e	e	e	e

注：e＝合格；　ne＝不合格。

图 2-5　对接焊试板检查记录表

2.3　熔化极气体保护焊技能训练实例

技能训练1　低合金钢板V形坡口对接仰焊的MAG焊

1. 焊前准备

1）试件材料：Q355钢板，规格为300mm×100mm×12mm，2件，V形坡口60°±5°，如图2-6a所示。

2）焊接材料：焊丝ER50-6，直径ϕ1.2mm；保护气体：80%Ar+20%CO_2（体积分数）混合气体。

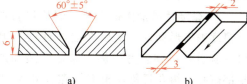

3）焊接要求：单面焊双面成形。

4）焊接设备：NBC-300或KRII-350型半自动气体保护焊机。

图2-6　V形坡口和预留间隙示意

5）焊接电流种类及极性：直流反接。

2. 装配定位焊

1）清理坡口及坡口正反面两侧各20mm范围内的油污、锈蚀、水分及其他污物直至露出金属光泽。为便于清除飞溅物和防止堵塞喷嘴，可在试件表面涂一层飞溅防粘剂，在喷嘴上涂一层喷嘴防堵剂，也可在喷嘴上涂一些硅油。

2）定位焊：在试件两端的坡口内定位焊，定位焊缝长度10~15mm。正式焊接前将定位焊接头预先打磨成≤30°斜坡。

3）装配间隙：始端间隙为2mm，终端间隙为3mm，如图2-6b所示；错边量≤1.2mm。

4）反变形量：预置反变形量为3°~4°。

5）将试板水平固定在焊接支架上，坡口向下，间隙小的始端位于远处。

3. 焊接参数

低合金钢板V形坡口对接仰焊焊接参数见表2-3。

表2-3　低合金钢板V形坡口对接仰焊焊接参数

焊道分布	焊接层次	焊丝直径/mm	焊接电流/A	电弧电压/V	气体流量/(L/min)	焊丝伸出长度/mm
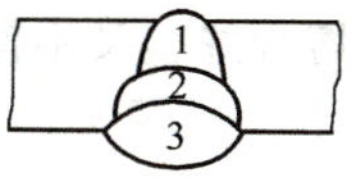 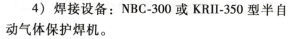	打底焊（1）	1.0	95~100	18~20	15~20	10~15
		1.2	90~110	18~20		
	填充焊（2）	1.0	110~130	20~22		
		1.2	130~150	20~22		
	盖面焊（3）	1.0	100~120	20~22		
		1.2	120~140	20~22		

4. 操作要点及注意事项

CO_2或MAG半自动V形坡口对接仰焊是板对接焊中最难的焊接位置，主要困难是熔化金属严重下坠，故必须严格控制焊接热输入和冷却速度，采用较小的焊接电流、较大的焊接速度，加大气体流量，使熔池尽可能小，凝固尽可能快，防止熔化金属下坠，保证焊缝成形美观。

1）打底层焊接。

① 调试好焊接参数，采用右焊法，焊枪角度与试件表面垂直成 90°，与焊接方向成 70°～90°，如图 2-7 所示。

② 焊接时尽量压低电弧，焊枪以直线移动或小幅度锯齿形摆动，从始焊端（远处）开始在坡口一侧引弧再移至另一侧，保证焊透和形成坡口根部熔孔，熔孔每侧比根部间隙大 0.5～1mm。然后匀速向近处移动，尽可能快。焊接过程中不能让电弧脱离熔池，利用电弧吹力控制电弧在熔敷金属的前方，防止熔化金属下坠。

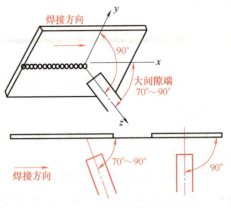

图 2-7　对接仰焊时焊枪角度

③ 必须注意控制熔孔的大小，既保证根部焊透，又防止焊道背面下凹正面下坠。仰焊打底焊时熔池如图 2-8 所示。

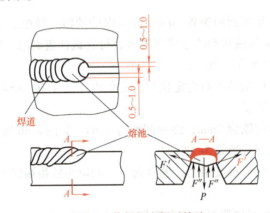

图 2-8　仰焊打底焊时熔池

注：P—熔池金属的重力，F'—表面张力，F''—电弧吹力

④ 清除。打磨掉打底层焊道和坡口表面的飞溅和熔渣，并用角磨机将局部凸起的焊道磨平，清理打底焊道时不能破坏装配间隙和坡口面。

2）填充层焊接。

① 调试好填充层焊接参数。填充焊道的焊接，焊枪角度与打底焊相似，但焊丝摆动幅度比打底焊时稍大，要掌握好电弧在坡口两侧的停留时间，既保证焊道两侧熔合好，又不使焊道中间下坠。

② 填充层焊道不要太厚，越薄凝固越快，填充层焊道表面应距离试板下表面 1.5～2mm，不得熔化坡口的棱边。

③ 清理干净填充层焊道及坡口上的飞溅、熔渣，打磨掉焊道上局部凸起过高部分的焊肉。

3）盖面层焊接。

① 调试好盖面层焊接参数。焊接过程中应根据填充层的高度调整焊接速度，焊丝摆动

幅度比填充焊时稍大，使熔池两侧超过坡口棱边 0.5~2mm，使其熔合良好，焊缝表面成形美观。

② 焊接过程中尽可能地保持摆动幅度均匀，使焊道平直均匀，不产生两侧咬边、中间下坠等缺陷。

对接仰焊时，填充层和盖面层也可以采用多层多道焊。采用直线运条或焊丝稍微摆动进行多层多道焊接。焊枪角度应根据每条焊道的位置作相应调整，每条焊道要良好地搭接，以防止焊道间脱节和产生夹渣。盖面焊时注意两侧熔合情况，防止咬边。

5. 焊接质量检验

1）焊缝尺寸要求。焊缝宽度为 18~22mm，宽度差≤2mm；焊缝余高为 0.5~3mm，余高差≤2mm；背面凹坑长度不得超过焊缝长度的 10%；焊缝直线度≤2mm。

2）焊接缺陷。焊缝表面不允许存在裂纹、未熔合、夹渣、气孔和焊瘤。咬边深度≤0.5mm，两侧咬边总长度不超过焊缝有效长度的 10%；未焊透深度≤0.5mm，长度不超过焊缝有效长度的 15%。

技能训练2　不锈钢板对接 V 形坡口平焊熔化极气体保护焊

1. 工艺准备

1）试件材料：奥氏体不锈钢 06Cr19Ni10 钢板，规格为 200mm×100mm×6mm，2 件；加工成 V 形坡口 $60°^{+5°}_{0}$，如图 2-9 所示。

2）焊接材料：焊丝 ER308L，直径 $\phi1.0mm$；保护气体：98%Ar+2%O_2（体积分数）混合气体。

3）焊接要求：单面焊双面成形。

4）焊接设备：NBC-300 或 KRII-350 型半自动气体保护焊机。

5）焊接电流种类及极性：直流正接。

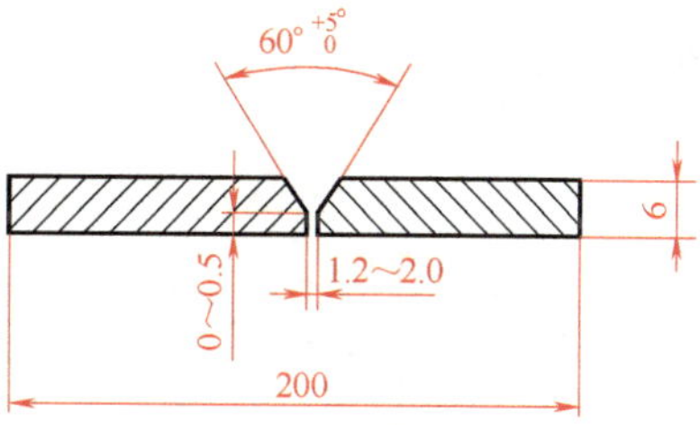

图 2-9　坡口示意图

2. 装配定位焊

1）焊前清理：清理坡口及坡口正反面两侧各 20mm 范围内的油污、锈蚀、水分及其他污物直至露出金属光泽，然后用异丙醇进行清洗。为便于清除飞溅物和防止堵塞喷嘴，可在试件表面涂一层飞溅防粘剂，在喷嘴上涂一层喷嘴防堵剂，也可在喷嘴上涂一些硅油。

2）定位焊：在试件两端的坡口内定位焊，定位焊缝长度 10~15mm。正式焊接前将定位焊接头预先打磨成≤30°的斜坡。

3）装配间隙：始端间隙为 2mm，终端间隙为 3mm；错边量≤1.2mm。

4）反变形量：预置反变形量为 4°~5°。

5）将试板水平固定在焊接支架上，坡口向下，间隙小的始端位于远处。

3. 焊接参数

不锈钢 V 形坡口对接平焊熔化极气体保护焊焊接参数见表 2-4。

4. 操作要点及注意事项

1）打底层焊接。打底焊时，焊丝端部要始终在熔池前半部燃烧，不得脱离熔池（防止焊丝前移过大而通过间隙，出现穿丝现象），并控制电弧在坡口根部约 2~3mm 处燃烧，电弧在焊道中心移动要快，摆动到坡口两侧要稍作 0.5~1s 的停留。

表 2-4　不锈钢 V 形坡口对接平焊熔化极气体保护焊焊接参数

焊道分布	焊接层次	焊丝直径/mm	焊接电流/A	电弧电压/V	气体流量/(L/min)	焊丝伸出长度/mm
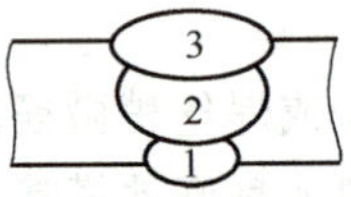 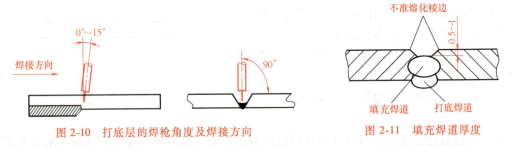	打底焊（1）	1.0	80~90	16~18	10~15	10~15
	填充焊（2）	1.0	90~100	18~20		
	盖面焊（3）	1.0	90~100	18~20		

打底焊可采用走直线（不运条）或之字形运条，焊枪倾斜垂直焊接方向 0°~15°，与试板表面角度为 90°，以能够方便地观察到熔池的前进填充状态为宜，如图 2-10 所示。

2）填充层焊接。

①填充层的焊接步骤与打底焊基本相同，所不同的是焊枪的摆动幅度稍大，保证坡口两侧熔合良好。

②奥氏体不锈钢焊接应注意层间温度，当层间温度过高时，焊缝会变黑，实际经验是用手摸到打底层焊道不烫手时，方可进行填充层的焊接。当控制了层间温度而且其他条件满足时，焊缝会呈银白色。

③应注意不要将打底焊道烧穿，防止焊道下凹或背面剧烈氧化；填充焊道的接头应注意与打底焊道的接头错开。

④填充层的焊道表面离试件表面应有 0.5~1mm 的余量，不得熔化坡口棱边，如图 2-11 所示。

图 2-10　打底层的焊枪角度及焊接方向

图 2-11　填充焊道厚度

3）盖面层焊接。

①材质为 06Cr19Ni10 不锈钢的焊接，应注意盖面层的层间温度的控制（填充层焊道不烫手为宜）。

②焊接步骤同打底焊，但焊枪摆动到两侧，将坡口棱边熔化，控制每侧增宽 0.5~1.0mm。

③焊枪在停弧的地方重新引燃电弧，等熔池基本形成后，再重新正常焊接。

技能训练 3　不锈钢管对接 45°固定熔化极气体保护焊

1. 工艺准备

1）试件材料：奥氏体不锈钢 06Cr19Ni10 钢管，规格为 $\phi57mm \times 4mm$，$L = 100mm$，2 件，V 形坡口，坡口角度为 60°±5°，如图 2-12 所示。

2）焊接材料：焊丝 ER308L，直径 $\phi1.0mm$；保护气体：98%Ar+2%O_2（体积分数）混合气体。

3）焊接设备：NBC-300 或 KR Ⅱ-350 型半自动气体保护焊机。

4）焊接要求：单面焊双面成形。

5）焊接电流种类及极性：直流正接。

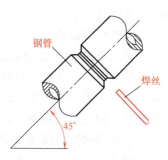

图 2-12　不锈钢管对接 45°固定的焊接示意

2. 装配定位焊

1）焊前清理：清理坡口及坡口正反面两侧各 20mm 范围内的油污、锈蚀、水分及其他污物直至露出金属光泽，然后用异丙醇进行清洗。为便于清除飞溅物和防止堵塞喷嘴，可在试件表面涂一层飞溅防粘剂，在喷嘴上涂一层喷嘴防堵剂，也可在喷嘴上涂一些硅油。

2）试件装配：上部（相当于时钟面 12 点位置）间隙 2.0mm，下部（相当于时钟面 6 点位置）间隙 1.5mm，放大上部间隙作为焊接时焊缝的收缩量。错边量≤0.5mm。

3）定位焊：在相当于时钟面 10 点和 2 点位置处定位焊。定位焊缝长度约 10mm，要求焊透，不得有气孔、夹渣、未焊透等缺陷。焊点两端修成≤30°的斜坡，以利于接头连接。

4）将试件固定在焊接支架上呈 45°，距地面 800～900mm。

3. 焊接参数

不锈钢管对接 45°固定熔化极气体保护焊焊接参数见表 2-5。

表 2-5　不锈钢管对接 45°固定熔化极气体保护焊焊接参数

焊道分布	焊接层次	焊丝直径 /mm	焊接电流 /A	电弧电压 /V	气体流量 /(L/min)	焊丝伸出长度/mm
	打底焊(1)	1.0	80～90	16～18	10～15	10～15
	填充焊(2)	1.0	90～100	18～20		

4. 操作要点及注意事项

（1）打底层焊接　先在仰焊相当于时钟面 6 点位置前 5～10mm 处引弧，在始焊部位坡口内上下轻微摆动，对坡口两侧预热，待管壁温度明显上升后，压低电弧，击穿钝边。此时焊丝到达坡口底部，整个电弧的 2/3 将在管内燃烧并形成第一个熔孔。然后用挑弧焊法向前进行焊接。施焊时注意焊丝的摆动幅度，熔孔应保持深入坡口每侧 0.5～1mm，每个熔池覆盖前一个熔池 2/3 左右。当熔池温度过高时，可能使熔化金属下淌，应采用灭弧控制熔池温度，焊完前半圈后在相当于时钟面 12 点处熄弧。以同样方法焊接后半圈打底焊缝，在相当于时钟面 12 点处与前半圈接头并填满弧坑收弧。

（2）盖面层焊接　先对打底层外观缺陷、飞溅进行打磨清理，并将焊缝接头过高部分处打磨平整，然后选用以下两种焊接盖面层与接头的方法进行盖面焊。

1）直拉法运条盖面及接头：所谓直拉法运条盖面就是在盖面过程中，以月牙形运条法沿管子轴线方向施焊的一种方法。施焊时，从坡口上部边缘引弧并稍作停留，然后沿管子的轴线方向作月牙形运条，把熔化金属带至坡口下部边缘灭弧。每个新熔池覆盖前一个熔池的 2/3 左右，依次循环。

① 在斜仰焊部位的起头。方法是在引弧后，先在斜仰焊部位坡口的下部依次建立三个

熔池，并使其一个比一个大，最后达到焊缝宽度，如图 2-13 所示，然后进入正常焊接。施焊时，用直拉法运条。

② 前半圈的收尾方法是在熄弧前，先将几滴熔化金属逐渐斜拉，以使尾部焊缝呈三角形。焊后半圈时，在管子斜仰焊部位的接头方法是在引弧后，先把电弧拉至接头待焊的三角形尖端处建立第一个熔池，此后的几个熔池随着三角形宽度的增加逐个加大，直至将三角形区填满后，用直拉法运条，如图 2-14 所示。

③ 后半圈焊缝的收弧方法是在运条到试件上部斜平焊位收弧部位的待焊三角区尖端处时，使熔池逐个缩小，直至填满三角区后再收弧，如图 2-15 所示。

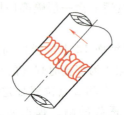
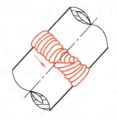

图 2-13　直拉法盖面斜　　　　图 2-14　直拉法盖面斜　　　　图 2-15　直拉法盖面斜
　　　仰焊位的起头　　　　　　　　仰焊位的接头　　　　　　　　平焊位的收弧

采用直拉法盖面时的运条位置（即接弧与灭弧位置）必须准确，否则无法保证焊缝边缘平直。

2）横拉法运条盖面及接头：所谓横拉法运条盖面就是在盖面的过程中，以月牙形或锯齿形运条法沿水平方向施焊的一种方法。施焊时，当焊丝摆动到坡口边缘时，稍作停顿，其熔池的上下轮廓线基本处于水平位置。

① 横拉法盖面时的斜仰焊位起头方法是在引弧后，相继建立起三个熔池，然后从第四个熔池开始横拉焊丝，它的起头部位也留出一个待焊的三角区域，如图 2-16 所示。

② 前半圈上部斜平焊位焊缝收弧时也要留出一个待焊的三角区域。

③ 后半圈在斜仰焊部位的接头方法是在引弧后，先从前半圈留下的待焊三角区域尖端处向左横拉至坡口下部边缘，使这个熔池与前半圈起头部位的焊缝搭接上，保证熔合良好，然后用横拉法运条，如图 2-17 所示，至后半圈盖面焊缝收弧。后半圈斜平焊位收弧方法是在运条到前半圈焊缝收弧部位的待焊三角区域尖端处时，使熔池逐个缩小，直至填满三角区后再收弧。管子倾斜度不论大小，一律要求焊波成水平或接近水平方向，否则成形不好。因此焊丝总是保持在垂直位置，并在水平线上左右摆动，以获得较平整的盖面层。摆动到两侧时，要停留足够时间，使熔化金属覆盖量增加，以防止出现咬边。

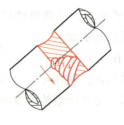

图 2-16　横拉法盖面斜仰焊位的起头　　　　　图 2-17　横拉法盖面斜仰焊位的接头

复习思考题

1. 低合金钢板对接仰焊应如何预留焊接间隙，保证单面焊双面成形？
2. 低合金钢对接仰焊打底层的焊接，应如何避免焊穿？
3. 不锈钢板平焊中间层的焊接，为避免焊缝过烧，应如何控制层间温度？
4. 不锈钢管对接 45°固定焊，实际包括了哪几个焊接位置？
5. 不锈钢脉冲 MIG 焊，脉冲参数应如何设置？

项目3

钨极氩弧焊

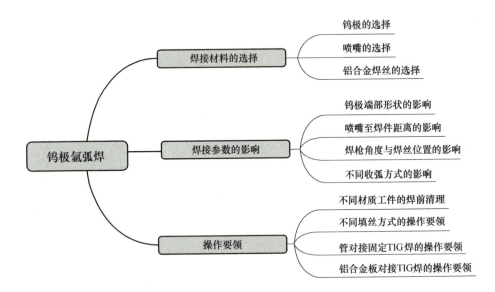

- 钨极氩弧焊
  - 焊接材料的选择
    - 钨极的选择
    - 喷嘴的选择
    - 铝合金焊丝的选择
  - 焊接参数的影响
    - 钨极端部形状的影响
    - 喷嘴至焊件距离的影响
    - 焊枪角度与焊丝位置的影响
    - 不同收弧方式的影响
  - 操作要领
    - 不同材质工件的焊前清理
    - 不同填丝方式的操作要领
    - 管对接固定TIG焊的操作要领
    - 铝合金板对接TIG焊的操作要领

3.1 钨极氩弧焊工艺准备

3.1.1 焊前清理

氩弧焊时，清理方法因被焊工件的材质不同而异。

（1）机械清理 较简便，而且效果较好。通常对不锈钢工件可用砂布打磨；铝合金工件可用钢丝刷或电动钢丝轮打磨，主要是清除工件表面的氧化膜。机械清理后，可用异丙醇去除油垢。

（2）化学清理 对于铝及其合金在焊前可进行化学清理。此法对大工件清理不太方便，多用于清理填充焊丝和小工件。铝及铝合金的化学清理工序见表3-1。

表 3-1 铝及铝合金的化学清理工序

材质	工序								
	接头形式			冲洗	光化			冲洗	干燥
	NaOH（%）	温度/℃	时间/min		HNO₃（%）	温度/℃	时间/min		
纯铝	15	室温	10～15	冷净水	15	室温	10～15	冷净水	100～110℃烘干，再置于低温干燥箱中
	4～5	60～70	1～2	冷净水	4～5	60～70	1～2	冷净水	
铝合金	8	50～60	5	冷净水	8	50～60	5	冷净水	

（3）**化学-机械清理**　大型工件采用化学清理往往不够彻底，因而在焊前还需用钢丝轮或刮刀再清理一下接缝的边缘。

此外，清理后的工件与填充焊丝必须保持清洁，严禁再沾上油污，并要求清理后立即进行焊接。

3.1.2　钨极的选择

钨极的选择对电弧稳定性和焊接质量有很大的影响，钨极要求具有电流容量大、施焊损耗小、引弧稳弧性能好等特性，表3-2列出了不同直径钨极的许用电流。

表3-2　不同直径钨极的许用电流

钨极直径/mm	不同电流种类、接法下的电流使用范围/A		
	直流正接	直流反接	交流
1.0	15～80	—	20～60
1.6	70～150	10～20	60～120
2.4	150～250	15～30	100～180
3.2	250～400	25～40	160～250
4.0	400～500	40～55	200～320
5.0	500～750	55～80	290～390
6.4	750～1000	80～125	340～525

3.1.3　钨极端部形状的选择

钨极氩弧焊时，应根据所用焊接电流种类选用不同的端部形状，见表3-3。钨极尖端角度 α 的大小会影响钨极的许用电流、引弧及稳弧性能。钨极尖端角度对焊缝熔深和熔宽也有一定影响。减小尖端锥角，焊缝熔深减小、熔宽增大，反之则熔深增大，熔宽减小。

表3-3　钨极端部形状的选择

电流种类	钨极端部形状	示意图
直流正接	圆锥形	
交流	球面	

3.1.4　喷嘴直径、喷嘴至焊件的距离

喷嘴直径 d 的大小是根据钨极直径 d_s 的大小来选取的，一般为 $\phi 10 \sim \phi 16mm$，也可用简

单的方法来计算，即 $d = d_s \times 2 + 4$。式中，d_s 为钨极直径，4 为常数。例如，钨极直径是 3mm 时，喷嘴直径为 $3 \times 2 + 4 = 10mm$。

喷嘴至焊件的距离一般为 8～12mm。这个距离是否合适，可通过测定氩气有效保护区域的直径来判断。测定的方法是采用交流电源在铝板上引燃电弧后，焊枪固定不动，电弧燃烧 5～6s 后，切断电流，这时铝板上留下银白色圆圈层，如图 3-1 所示，内圈为熔池，外圈层铝板表面光亮清洁，这就是氩气有效保护区域，称为去氧化膜区，其直径越大，保护效果越好。氩气流量、喷嘴直径、喷嘴至焊件距离之间的关系见表 3-4。

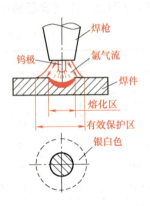

图 3-1　氩气有效保护区域

表 3-4　氩气流量、喷嘴直径、喷嘴至焊件的距离之间的关系

焊接方法	氩气流量/(L/min)	喷嘴直径/mm	喷嘴至焊件距离/mm
手工钨极氩弧焊	8～16	10～16	8～12

3.1.5　铝合金焊丝选择原则

铝及铝合金焊丝的选用除考虑良好的焊接工艺性能外，按容器要求应使对接接头的抗拉强度、塑性（通过弯曲试验）达到规定要求，对含镁量超过 3%（质量分数）的铝镁合金应满足冲击韧度的要求，对有耐蚀要求的容器，焊接接头的耐蚀性还应达到或接近母材的水平。焊丝的选用主要按照下列原则：

1）纯铝焊丝的纯度一般不低于母材。

2）铝合金焊丝的化学成分一般与母材相同或相近。

3）铝合金焊丝中的耐蚀元素（镁、锰、硅等）的含量一般不低于母材。

4）异种铝材焊接时应按耐蚀较高、强度高的母材选择焊丝。

5）不要求耐蚀性的高强度铝合金（热处理强化铝合金）可采用异种成分的焊丝，如抗裂性好的铝硅合金焊丝 SAlSi-1 等（注意强度可能低于母材）。

3.1.6　焊接参数对焊缝成形的影响

手工钨极氩弧焊焊接参数对焊缝成形的影响如图 3-2 所示。

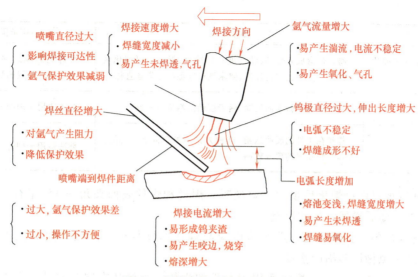

图 3-2　焊接参数对焊缝成形的影响

3.2　手工钨极氩弧焊操作要领

3.2.1　焊接操作

（1）焊枪的握法　用右手握焊枪，食指和拇指夹住焊枪前身部位，其余三指触及工件支点，也可用食指或中指做支点，呼吸要均匀，要稍微用力握住焊枪，保持焊枪的稳定，使焊接电弧稳定，其关键在于焊接过程中钨极与工件或焊丝不能形成短路。

（2）引弧

1）高压脉冲发生器或高频振荡器进行非接触引弧。将焊枪倾斜，使喷嘴端部边缘与工件接触，使钨极稍微离开工件，并指向焊缝起焊部位，接通焊枪上的开关，气路开始输送氩气，相隔一定的时间（2~7s）后即可自动引弧，电弧引燃后提起焊枪，调整焊枪与工件间的夹角开始进行焊接。

2）直接接触引弧。直接接触引弧需要引弧板（纯钢板或石墨板），在引弧板上稍微刮擦引燃电弧后再移到焊缝开始部位进行焊接，避免在始焊端头出现烧穿现象，此法适用于薄板焊接，引弧前应提前5~10s送气。

（3）填丝　填丝方式和操作要点见表3-5。填丝时，还必须注意以下几点：

表 3-5　填丝方式和操作要点

填丝方式	操作要点	使用范围
连续填丝	用左手拇指、食指、中指配合动作送丝，无名指和小指夹住焊丝控制方向，要求焊丝比较平直，手臂动作不大，待焊丝快用完时前移	对保护层扰动小，适用于填丝量较大、强焊接参数下的焊接
断续填丝（点滴送丝）	用左手拇指、食指、中指捏紧焊丝，焊丝末端始终处于氩气保护区内；填丝动作要轻，靠手臂和手腕的上下反复动作将焊丝端部熔滴送入熔池	适用于全位置焊接

（续）

填丝方式	操作要点	使用范围
焊丝贴紧坡口与钝边一起熔入	将焊丝弯成弧形，紧贴在坡口间隙处，保证电弧熔化坡口钝边的同时也熔化焊丝，要求坡口间隙小于焊丝直径	可避免焊丝遮住焊工视线，适用于困难位置的焊接
横向摆动填丝	焊丝随焊枪做横向摆动，两者摆动的幅度应一致	此法适用于焊缝较宽的焊件
反面填丝	焊丝在工件的反面送给，这种方式对坡口间隙、焊丝直径和操作技术的要求较高	此法适用于仰焊

1）必须等坡口两侧熔化后填丝。填丝时，焊丝和焊件表面夹角在15°左右，敏捷地从熔池前沿点进，随后撤回，如此反复。

2）填丝要均匀，快慢适当，送丝速度应与焊接速度相适应。坡口间隙大于焊丝直径时，焊丝应随电弧做同步横向摆动。

（4）**左焊法和右焊法**　左焊法适用于薄件的焊接，焊枪从右向左移动，电弧指向未焊接部分，有预热作用，焊速快、焊缝窄、熔池在高温停留时间短，有利于细化金属结晶，焊丝位于电弧前方，操作容易掌握。右焊法适用于厚件的焊接，焊炬从左向右移动，电弧指向已焊部分，有利于氩气保护焊缝表面不受高温氧化。

（5）**焊接**

1）弧长（加填充丝）为3~6mm，钨极伸出喷嘴的长度一般为5~8mm。

2）钨极应尽量垂直焊件或与焊件表面保持较大的夹角（70°~85°为宜）。

3）焊丝与焊件的夹角为15°~30°。

4）喷嘴与焊件表面的距离不超过10mm。

5）厚度<4mm的薄板立焊时采用向下焊或向上焊均可，板厚在4mm以上的焊件一般采用向上立焊。

6）为使焊缝得到必要的宽度，焊枪除了做直线运动外，还可以做适当的横向摆动，但不宜跳动。

7）平焊、横焊、仰焊时可采用左焊法或右焊法，一般都采用左焊法。各种焊接位置的焊枪角度和填丝位置如图3-3~图3-5所示。

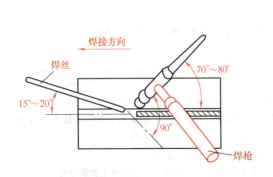

图3-3　平焊焊枪角度和填丝位置

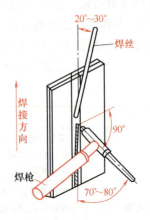

图3-4　立焊焊枪角度与填丝位置

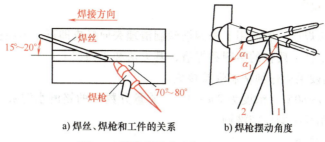

a) 焊丝、焊枪和工件的关系　　　b) 焊枪摆动角度

图 3-5　横焊焊枪角度与填丝位置

8）焊接时，焊丝端头应始终处在氩气保护区内，不得将焊丝直接放在电弧下面或抬得过高，也不能让熔滴向熔池"滴渡"。填丝位置如图 3-6 所示。

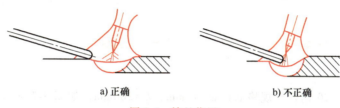

a) 正确　　　　　　　　b) 不正确

图 3-6　填丝位置

9）操作过程中，若钨极和焊丝不慎相碰，发生瞬间短路，则会造成焊缝污染。此时，应立即停止焊接，用砂轮磨掉被污染处，直至磨出金属光泽，并将填充焊丝头部剪去一段。被污染的钨极重新磨成形后，方可继续焊接。

10）接头。

① 接头处要有斜坡，不能有死角。

② 重新引弧位置在原弧坑后面，使焊缝重叠 20~30mm，重叠处一般不加或少加焊丝。

③ 熔池要贯穿到接头的根部，以确保接头处熔透。

11）收弧。收弧时要采用电流自动衰减装置，以避免形成弧坑。没有该装置时，则应改变焊枪角度、拉长电弧、加快焊速。管子封闭焊缝收弧时，多采用稍拉长电弧，重叠焊缝 20~40mm，重叠部分不加或少加焊丝。收弧后，应延时 10s 左右停止送气。手工钨极氩弧焊的收弧方法操作要点及适用场合见表 3-6。

表 3-6　手工钨极氩弧焊的收弧方法操作要点及适用场合

收弧方法	操作要点	适用场合
焊缝增高法	在焊接终止时，焊枪前移速度减慢，焊枪向后倾斜度增大，送丝量增加，当熔池饱满到一定程度后熄弧	此法应用普遍，一般结构均适用
增加焊速法	在焊接终止时，焊枪前移速度逐渐加快，送丝量逐渐减少，直至焊件不熔化，焊缝从宽到窄，逐渐终止	此法适用于管子氩弧焊，对焊工技能要求较高
采用引出板法	在焊件收尾处外接一块电弧引出板，焊完工件时将熔池引出至引出板上熄弧，然后割除引出板	此法比较简单，适用于平板及纵缝焊接
电流衰减法	在焊接终止时，先切断电源，让发电机的旋转速度逐渐减慢，焊接电流也随之减弱，从而达到衰减收弧	此法适用于采用弧焊发电机的场合。如果用硅弧焊整流器，则需另加一套逐渐减小励磁电流的简便装置

3.2.2 铝合金焊后处理

铝合金钨极氩弧焊后一般使用不锈钢钢丝刷清理表面黑皮即可，但在使用其他焊接方法时，可能需要清除工件上残存的熔剂和焊渣，其方法和步骤如下：

1）在热水中用硬毛刷仔细洗刷焊接接头。

2）在温度为 60~80℃，浓度为 2%~3%（质量分数）的铬酐水溶液或重铬酸钾溶液中浸洗 5~10min，并用硬毛刷仔细洗刷。

3）热水中冲刷洗涤。

4）烘干。

3.3 钨极氩弧焊技能训练实例

技能训练 1　低合金钢管对接水平固定加排管障碍钨极氩弧焊

1. 焊前准备

1）试件材料：20 钢管，规格 $\phi42mm\times5mm$，$L=200mm$，如图 3-7 所示。

2）焊接材料：ER50-2 焊丝，直径 $\phi2.5mm$；保护气体：99.99%（体积分数）Ar。电极为铈钨极 WCe-20，直径 $\phi2.5mm$，为使电弧稳定，将其尖角磨成所需的形状。

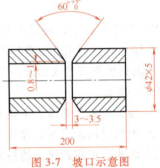

3）焊接位置：水平固定加排管障碍。

4）焊接要求：单面焊双面成形。

5）焊接设备：NSA4-300 型氩弧焊机。

6）焊接电流种类及极性：直流正接法。

图 3-7　坡口示意图

2. 试件装配

1）焊前清理：在钢管坡口处及坡口边缘两侧各 20mm 范围内，用角磨机打磨至出现金属光泽，清除油、污、锈、垢等，焊丝也要进行同样处理。

2）试件装配：装配尺寸见表 3-7。

表 3-7　低合金钢管对接水平固定加排管障碍钨极氩弧焊的装配尺寸

（单位：mm）

根部间隙	装配间隙	错边量
3.0~3.5	0.8~1	≤0.5

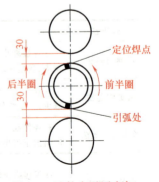

3）定位焊：采用一点定位焊接固定，定位焊位置如图 3-8 所示。定位焊处的根部间隙为 3.5mm（另一边间隙为 3mm）。所用焊接材料与正常焊接相同。焊缝长度为 10mm 左右，要求焊透，并且不得有焊接缺陷。

4）试件的固定：将试件水平固定于焊接架上，距两端障碍物各为 30mm，如图 3-8 所示。

图 3-8　试件水平固定加障碍物示意图

3. 焊接参数

低合金钢管对接水平固定加排管障碍 TIG 焊焊缝层次共分为打底层和盖面层两层，焊接参数见表 3-8。

表 3-8　低合金钢管对接水平固定加排管障碍 TIG 焊的焊接参数

焊接层次	焊接电流/A	电弧电压/V	氩气流量/(L/min)	钨极直径/mm	焊丝直径/mm	喷嘴直径/mm	喷嘴至试件的距离/mm
打底层	90~100	10~12	6~10	2.5	2.5	8	≤10
盖面层							

4. 操作要点及注意事项

采用两层两道焊。分四段施焊，焊接次序与焊接方向如图 3-9 中箭头所示，其难点在于与障碍物相邻的仰焊与平焊的两个接头位置焊接。下半圈Ⅰ、Ⅱ两条焊缝采用内填丝，防止仰焊部位背面焊缝产生内凹，焊枪与焊丝的相对位置如图 3-9 所示。上半圈Ⅲ、Ⅳ两段焊缝采用常规的外填丝，所以焊接时必须保证间隙 2.5mm 才能使焊丝顺利通过。为便于在相当于时钟面 6 点、12 点位置起焊和接头，应将钨极伸出长度适当加长。

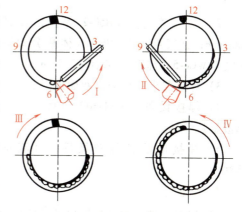

图 3-9　焊枪与焊丝的相对位置

（1）打底焊　打底焊应从相当于时钟面 6~7 点处开始引弧（见图 3-9），焊枪直对坡口，焊丝可弯成弧形，从相当于时钟面 3 点的间隙送入坡口内，送入的焊丝应稍高于管子内壁，当熔池形成后，焊枪应稍做横向摆动，在熔化钝边的同时，也使焊丝熔化并流向两侧，采用连续送丝，依靠焊丝拖住熔池匀速前进，不使铁液下淌，当焊至相当于时钟面 3 点位置时熄弧，完成第Ⅰ段焊缝的焊接。熄弧前应向弧坑稍填铁液，以防产生裂纹。

以同样的方法完成第Ⅱ段焊缝的焊接。

紧接着以常规的外填丝方法，焊接焊缝Ⅲ，焊工转至另一侧，完成上半圈第Ⅳ段焊缝的焊接，这部分采用断续送丝方式，焊丝应填在坡口处，不应深入管子内，防止熔化金属下坠。

焊接中的接头处，应修磨成斜坡，以利接头或采用起弧时将原焊缝末端重新熔化的方法，使起焊焊缝与原焊缝重叠 5~10mm。

打底焊道厚度一般以 3mm 为宜。

（2）盖面焊　清除打底焊道氧化物，修整局部上凸处，盖面层焊接分前、后两半圈进行施焊。操作方法是：焊枪应尽量靠近障碍物，在相当于时钟面 6 点左右处起焊，焊枪可做月牙形或锯齿形摆动，摆动幅度应稍大，待坡口边缘及打底焊道表面熔化，并形成熔池后可加入填充焊丝，在仰焊部位每次填充的铁液应少些，以免熔敷金属下坠。

焊枪摆动到坡口边缘时，应稍做停顿，以保证熔合良好，防止咬边。在立焊部位，焊枪的摆动频率应适当加快，以防熔化铁液下淌。

在焊至平焊位置时，应稍多加填充金属，以使焊缝饱满，同时应尽量使熄弧位置前靠，以利后半圈收弧时接头。

后半圈的焊接方法与前半圈相同，当盖面焊缝封闭时，应尽量继续向前施焊，并逐渐减少焊丝填充量，衰减电流熄弧。

5. 焊缝清理

焊缝焊完后，用钢丝刷将焊接过程中产生的飞溅物等清理干净，使焊缝处于原始状态，交付专职焊接检验前，不得对各种焊接缺陷进行修补。

技能训练 2　低合金钢管对接垂直固定钨极氩弧焊

1. 焊前准备

1）试件材料：12CrMo 低合金钢管，规格为 $\phi76mm\times4mm$，2 件，V 形坡口，如图 3-10 所示。

2）焊接材料：ER50-2 焊丝，直径 $\phi2.5mm$；氩气纯度 99.96%（体积分数）；钨极为 WCe-5（铈钨），直径 $\phi2.5mm$。

3）焊接要求：单面焊双面成形。

4）焊接设备：WS4-300 型直流手工钨极氩弧焊机。

5）焊接电流种类及极性：直流正接法。

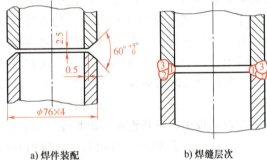

a) 焊件装配　　　b) 焊缝层次

图 3-10　低合金钢管对接垂直固定 TIG 焊试件尺寸

2. 装配定位焊

1）焊前清理：在试件坡口处及坡口边缘两侧各 20mm 范围内，用角磨机打磨至出现金属光泽，清除油、污、锈、垢等，焊丝也要进行同样处理。

2）试件装配：将打磨完的试件进行装配，装配尺寸见表 3-9。

表 3-9　低合金钢管对接垂直固定焊接的装配尺寸　　　　（单位：mm）

根部间隙	装配间隙	错边量
2.5~3.0	0.5~1.0	≤0.5

3）定位焊：清理完的试件，焊前要进行定位焊。定位焊缝有三条，三条定位焊缝各相距 120°，定位焊缝长为 5~8mm、厚度为 3~4mm，其质量要求与正式焊缝相同。手工 TIG 焊定位焊的焊接参数见表 3-10。

表 3-10　手工 TIG 焊定位焊的焊接参数

焊接电流 /A	电弧电压 /V	氩气流量 /(L/min)	钨极直径 /mm	喷嘴直径 /mm	焊丝直径 /mm	钨极伸出长度 /mm	喷嘴直径 /mm
80~95	10~12	8~10	2.5	8	2.5	5~7	≤8

3. 焊接参数

低合金钢管对接垂直固定 TIG 焊的焊接参数见表 3-11。

表3-11 低合金钢管对接垂直固定TIG焊的焊接参数

焊接层次	焊接电流/A	电弧电压/V	氩气流量/(L/min)	钨极直径/mm	喷嘴直径/mm	焊丝直径/mm	钨极伸出长度/mm	喷嘴直径/mm
打底层	80~95	10~12	8~10	2.5	8	2.5	5~7	≤8
盖面层	75~90	10~12	6~8	2.5	8	2.5	5~7	

4. 操作要点及注意事项

焊缝层次共分为打底层和盖面层两层。

（1）打底层的焊接操作　打底层的焊接参数见表3-11。焊接时，为了防止上部坡口过热，母材熔化过多而产生下淌，在焊缝的背面形成焊瘤，焊接电弧热量应较多地集中在坡口的下部，并使焊枪与焊丝保持合适的夹角，使电弧对熔化金属有一定的向上的推力，托住熔化的金属使其不下淌。低合金钢管对接垂直固定手工TIG焊单面焊双面成形焊枪与焊丝的角度如图3-11所示。

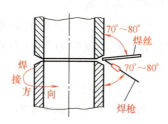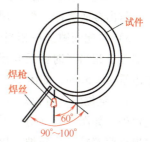

a) 焊枪、焊丝与管子轴线的夹角　　b) 焊枪、焊丝与管子切线的夹角

图3-11 焊枪与焊丝的角度

打底层的引弧点是在任一定位焊缝上，引弧后，将定位焊缝预热至有"出汗"的迹象，焊枪开始缓慢向前移动，移动至坡口间隙处，用电弧对坡口根部两侧加热2~3s后，待坡口根部形成熔池，此时再添加焊丝。焊接过程中，焊枪稍做横向摆动，在熔化钝边的同时，也使焊丝熔化并流向两侧，采用连续送焊丝法，依靠焊丝托住熔池，焊丝端部的熔滴始终与熔池相连，不使熔化的金属产生下坠。打底层焊缝的厚度以控制在2~3mm为宜。

焊接时，当遇到定位焊缝时，应该停止送丝或减少送丝，当电弧将定位焊缝及坡口根部充分熔化并和熔池连成一体后，再继续送丝焊接。

（2）盖面层的焊接操作　盖面层的焊接参数见表3-11。如图3-10b所示，盖面层焊接时，先焊下面的焊道2，将焊接电弧对准打底层焊缝的下沿，使熔池下沿超出管子坡口边缘0.5~1.5mm，熔池上沿覆盖打底层焊道的1/2~2/3。焊接焊道3时，电弧对准打底层焊道的上沿，使熔池上沿超出管子坡口0.5~1.5mm，熔池下沿与焊道2圆滑过渡，焊接速度可适当加快，送丝频率也要加快，但是，送丝量要适当减少，防止熔池金属下淌和产生咬边。

在焊接过程中要注意的是：无论是打底层焊接，还是盖面层焊接，焊丝的端部始终处于氩气的保护范围之内，严禁钨极的端部与焊丝、焊件相接触，防止产生夹钨。

技能训练3　不锈钢管对接水平固定钨极氩弧焊

1. 焊前准备

1）试件材料：06Cr19Ni10钢管，规格ϕ42mm×5mm，L=100mm，2件，60°V形坡口，如图3-12所示。

2）焊接材料：H0Cr19Ni9焊丝，直径ϕ2.5mm；保护气体Ar，纯度≥99.99%（体积分

数）；钨极为 WCe-20，直径 ϕ2.5mm。

3）焊接要求：单面焊双面成形。

4）焊接设备：WS-300 型手工直流钨极氩弧焊机。

5）焊接电流种类及极性：直流正接法。

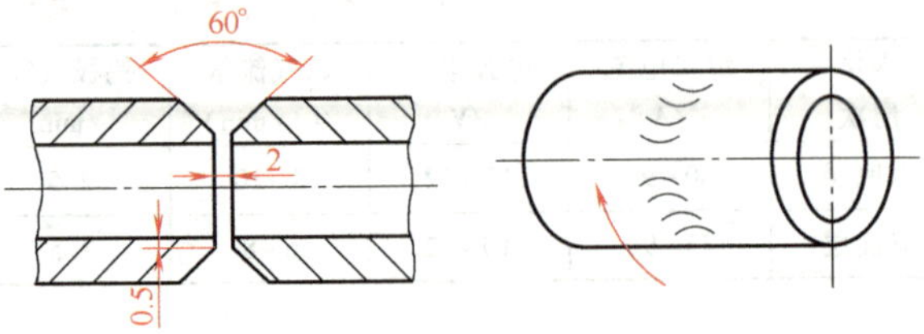

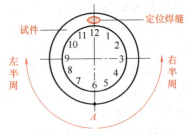

图 3-12　试件坡口示意

2. 装配定位焊

1）钝边：修磨钝边 0~0.5mm。

2）焊前清理。清理坡口及其正反面两侧 20mm 范围内和焊丝表面的油污、锈蚀、水分，直至露出金属光泽，然后用异丙醇进行清洗。

3）装配间隙。在相当于时钟面 12 点位置处的根部间隙较大，为 2.5mm，间隙较小的一端置于相当于时钟面 6 点位置，根部间隙为 2mm 左右，错边量≤0.5mm，如图 3-12 所示。

4）定位焊。定位焊缝一处，位于相当于时钟面 12 点位置处，如图 3-13 所示，定位焊缝长度为 10mm 左右，定位焊点两端打磨成斜坡，以利于接头。

5）将试件水平固定在焊接支架上，使管子最下端离地面的距离为 800~850mm，以适于操作。

图 3-13　试件焊接位置示意

3. 焊接参数

不锈钢管对接水平固定钨极氩弧焊的焊接参数见表 3-12。

表 3-12　不锈钢管对接水平固定钨极氩弧焊的焊接参数

焊道分布	焊接层次	焊接电流/A	电弧电压/V	氩气流量/(L/min) 正面	氩气流量/(L/min) 反面	焊丝直径/mm	钨极直径/mm	喷嘴直径/mm	层间温度/℃
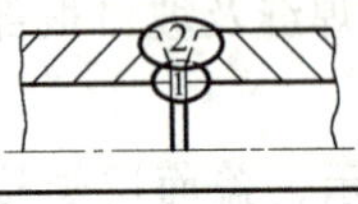 打底焊（1）	80~90	12~14		2~4				
盖面焊（2）	85~95	12~16	6~10	0	2.5	2.5	8	≤60°

4. 操作要点及注意事项

1）打底层焊接。

① 不锈钢管对接水平固定钨极氩弧焊采用内充氩、两层两道焊法。焊接分为左右两个半圈进行，焊接方向由下而上施焊，从仰焊位置起焊，在平焊位置收弧，如图 3-13 所示，先焊右半周，再焊左半周。

② 焊接打底层时要控制钨极、喷嘴与焊缝的位置，即钨极应垂直于管子焊接处的切线，喷嘴至两管的距离要相等，如图 3-14 所示。

③ 引弧点在仰焊部位相当于时钟面 6 点钟位置 A 处（见图 3-13），起焊时，在钨极端部逐渐接近母材至约 2mm 时，按下焊

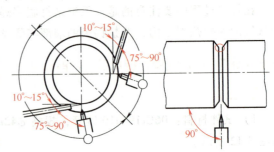

图 3-14　打底焊时焊枪角度和焊丝相对位置

枪上的电源开关，利用高频高压装置引燃电弧。引燃电弧后，控制弧长为 2~3mm，焊枪暂留在引弧处不动，待坡口根部两侧加热 2~3s 并获得一定大小的明亮、清晰的熔池后，才可往熔池填送焊丝开始焊接。

④ 焊接时，用左手送进焊丝，焊丝与通过熔池的切线呈 15°送入熔池前方，焊丝沿坡口的上方送到熔池后，要轻轻地将焊丝向熔池里推一下，并向管内摆动，使熔化金属送至坡口根部，以便得到能熔透坡口正反面的焊缝，同时获得一定的焊缝背面高度，避免凹坑和未焊透。

⑤ 当焊至平焊，相当于时钟面 12 点定位焊缝斜坡处时，应减少填充金属量，使焊缝与接头圆滑过渡。焊至定位焊缝时，不填送焊丝，自熔摆动通过，焊至定位焊缝另一斜坡处时也应减少填充金属量使焊缝扁平，以便后半圈接头平缓。

⑥ 右半圈通过相当于时钟面 12 点位置焊至相当于时钟面 11 点位置处收弧。收弧时，应连续送进 2~3 滴填充金属，以免出现缩孔，并且将焊丝抽离电弧区，但不要脱离保护区。之后切断控制开关，这时焊接电流逐渐衰减，熔池也相应减小，电弧熄灭并延时切断氩气之后，焊枪才能移开。然后用角磨机将收弧处的焊缝金属磨掉一些并呈斜坡状，以消除仍然可能存在的缩孔。

⑦ 焊接过程中，采用较小的热输入、快速小幅摆动，严格控制层温不大于 60℃，焊后焊缝表面呈银白色。

⑧ 水平固定的小管子焊完右半圈一侧后，转到管子的另一侧位置，焊接左半圈。引弧点应在相当于时钟面 5 点的位置处，以保证焊缝重叠。焊接方式同右半圈，按顺时针方向通过相当于时钟面 11 点焊至相当于时钟面 12 点位置处收弧，焊接结束后，应与右半圈焊缝重叠 4~5mm。打底焊道的熔敷厚度约为 2.5mm。

2）盖面层焊接。

① 清除打底焊道氧化物，修整局部凸出后，盖面层焊接也分左、右半圈进行。

② 焊枪摆动到两侧棱边处稍作停顿，将填充焊丝和棱边熔化，控制每侧增宽 0.5~1.5mm。

③ 焊接过程中，焊枪横向摆动幅度较大，焊接速度稍快，需保证熔池两侧与管子棱边熔合好。焊道接头要采取正确的方法，其他操作要求与打底焊相同。

5. 焊接质量检验

1）外观尺寸要求：焊缝宽度为 8~10mm，宽度差 ≤2mm；余高 ≤3mm，余高差 ≤2mm；焊缝直线度 ≤2mm。

2）焊缝表面不得有裂纹、未熔合、未焊透、夹渣、烧穿、气孔和焊瘤等缺陷。

3）咬边深度 ≤0.5mm，两侧咬边总长度不得超过焊缝有效长度的 10%。

4）焊后通球试验：球的直径为 $S\phi27.2mm$。

技能训练4　不锈钢管对接垂直固定钨极氩弧焊

1. 焊前准备

1）试件材料：12Cr18Ni9 不锈钢管，规格 $\phi76mm×4mm$，$L=100mm$，60°V 形坡口，如图 3-15a 所示。

2）焊接材料：H0Cr19-Ni9 焊丝，直径 $\phi2.5mm$；保护气体为 Ar 气，纯度 ≥99.96%

（体积分数）；钨极为 WCe-5，直径 $\phi2.5mm$。

3）焊接要求：单面焊双面成形。

4）焊接设备：WS4-300 型手工直流钨极氩弧焊机。

5）焊接电流种类及极性：直流正接法。

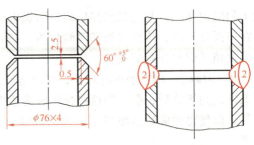

a) 焊件装配 b) 焊缝层次

图 3-15　不锈钢管对接垂直固定的装配尺寸及焊缝层次

2. 装配定位焊

1）焊前清理：在焊件坡口处及坡口边缘两侧各 20mm 范围内，用角磨机打磨至出现金属光泽，清除油、污、锈、垢等，焊丝也要进行同样处理。

2）焊件装配：装配间隙 2.5~3.0mm，修磨钝边 0.5~1.0mm，错边量 ≤0.5mm。

3）定位焊：清理完的焊件，焊前要进行定位焊。定位焊缝有三条，三条定位焊缝各相距 120°，定位焊缝长为 5~8mm、厚度为 3~4mm，其质量要求与正式焊缝相同。不锈钢管手工 TIG 定位焊的焊接参数见表 3-13。

表 3-13　不锈钢管手工 TIG 定位焊的焊接参数

焊接层次	焊接电流 /A	电弧电压 /V	氩气流量 /(L/min)	钨极直径 /mm	喷嘴直径 /mm	焊丝直径 /mm	钨极伸出长度/mm	喷嘴直径 /mm
定位焊	80~95	10~12	8~12	2.5	8	2.5	5~7	≤8

3. 焊接参数

不锈钢管对接垂直固定 TIG 焊的焊接参数见表 3-14。

表 3-14　不锈钢管对接垂直固定 TIG 焊的焊接参数

焊接层次	焊接电流 /A	电弧电压 /V	氩气流量 /(L/min)	钨极直径 /mm	喷嘴直径 /mm	焊丝直径 /mm	钨极伸出长度/mm	喷嘴直径 /mm
打底层	80~95	10~12	8~10	2.5	8	2.5	5~7	≤8
盖面层	75~90	10~12	6~8	2.5	8	2.5	5~7	

4. 操作要点及注意事项

1）打底层的焊接操作。

① 焊接时，为了防止上部坡口过热，母材熔化过多而产生下淌，在焊缝的背面形成焊瘤，焊接电弧热量应较多地集中在坡口的下部，并保持合适的焊枪与焊丝的夹角，如图 3-16

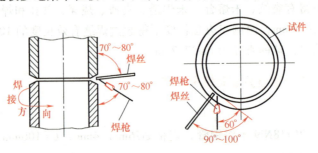

a) 焊枪、焊丝与管子轴线的夹角 b) 焊枪、焊丝与管子切线的夹角

图 3-16　不锈钢管对接垂直固定手工 TIG 焊焊枪与焊丝的角度

所示，使电弧对熔化金属有一定的向上的推力，托住熔化的金属不下淌。

②打底层的引弧点可在任一定位焊缝上，引弧后，将定位焊点预热至有"出汗"迹象，焊枪开始缓慢向前移动，移动至坡口间隙处，用电弧对坡口根部两侧加热2～3s后，待坡口根部形成熔池，此时再添加焊丝。焊接过程中，焊枪稍做横向摆动，在熔化钝边的同时，也使焊丝熔化并流向两侧，采用连续送焊丝法，依靠焊丝托住熔池，焊丝端部的熔滴始终与熔池相连，不使熔化的金属产生下坠。打底层焊缝的厚度以控制在2～3mm为宜。

③焊接时，当遇到定位焊缝时，应该停止送丝或减少送丝，当电弧将定位焊缝及坡口根部充分熔化并和熔池连成一体后，再继续送丝焊接。打底层的焊接参数见表3-14。

2）盖面层的焊接操作。

①盖面层的焊接参数见表3-14。盖面层焊接时，焊接电弧对准打底层焊道的下沿，使熔池下沿超出管子坡口边缘0.5～1.5mm，熔池上沿覆盖打底层焊道的1/2～2/3。焊接速度可适当加快，送丝频率也要加快，但是，送丝量要适当减少，防止熔池金属下淌和产生咬边。

②在焊接过程中要注意的是，无论是打底层焊接，还是盖面层焊接，焊丝的端部始终要处于氩气的保护范围之内，严禁钨极的端部与焊丝、焊件相接触，防止产生夹钨。

技能训练5　铝合金板对接仰焊钨极氩弧焊

1. 焊前准备

1）试件材料：6082-T6铝合金板，规格为300mm×100mm×6mm，V形坡口，坡口角度$60°^{+5°}_{0}$如图3-17所示。

2）焊接材料：ER5087焊丝，直径ϕ4.0mm；保护气体为Ar气，纯度≥99.999%（体积分数）；钨极为WCe-5，直径ϕ3.5mm。

3）焊接要求：单面焊双面成形。

4）焊接设备：NSA-500型手工交流钨极氩弧焊机。

5）焊接电流种类及极性：交流。

2. 装配定位焊

1）焊前清理。

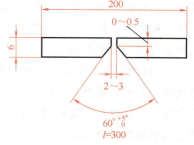

图3-17　试件及坡口尺寸

①机械方法。采用刮刀将坡口面及其正反两侧20mm范围内的氧化层刮除，并再用异丙醇清洗该区域。清除氧化膜的焊件应立即焊接，放置不宜太久。焊丝的清理可用砂布仔细打光后，再用异丙醇清洗即可，同样应随用随清理，放置不得过久。

②化学方法。可用质量分数为10%～15%的NaOH溶液在40～60℃条件下清洗10～15min，或用质量分数为4%～5%的NaOH溶液在60～70℃条件下清洗焊件1～2min，再用质量分数为30%的HNO_3溶液在室温条件下中和处理1～2min，置于100～150℃条件下烘干30min。这种处理方法同样适用于焊丝的清理。要求清洗后的焊件和焊丝不宜久置。

2）装配间隙为2～3mm，装配错边量≤0.5mm。

3）定位焊：采用与焊接试件相同的焊丝进行定位焊接，定位焊应定位于坡口内，要求焊透并不得存有焊接缺陷，焊点长度为10～15mm，焊点宽度不得超过焊缝宽度的2/3，定位焊缝间距为100mm（共4点）。

4）反变形量：预置为5°～6°。

3. 焊接参数

铝合金对接仰焊焊接参数见表 3-15。

表 3-15 铝合金对接仰焊焊接参数

焊接层次	焊丝直径 /mm	钨极直径 /mm	焊接电流 /A	氩气流量 /(L/min)	喷嘴直径 /mm	钨极伸出长度 /mm
1~2	4.0	3.5	240~280	16~20	14~16	3~5

4. 操作要点及注意事项

1）焊接时采用左向焊法，焊枪与试件的角度如图 3-18 所示。焊接前首先把钨极头熔成球形，整个焊接过程始终保证试件的清洁度，防止钨极接触焊接熔池造成污染。

2）起焊时弧长保持 4~7mm，使坡口能得到充分预热，电弧在起焊处停留片刻后，应用焊丝试探坡口根部，当感觉该处已变软欲熔化时，即可填丝焊接，同时应使第一个熔池焊点稍有下沉。焊接时采用多进少退往复运动，每次前进 2/3 个熔池长度，后退 1/3 个熔池长度，使得每个熔池重叠 1/3。前进时压低电弧，弧长为 2~3mm，以加热坡口根

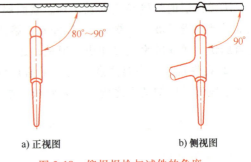

a) 正视图 　　　　　 b) 侧视图

图 3-18 仰焊焊枪与试件的角度

部为主，焊枪后退时提高电弧，弧长达 6~7mm，此时添加焊丝，使熔滴落入坡口根部与前一熔池相接处。往复式运动能防止熔池过热，焊丝间断地熔化，坡口根部断续形成熔池，既能防止焊漏，又能双面成形。

3）每当焊至与定位焊缝相接处，应适当提高焊枪，拉长电弧，加快焊速，并使焊枪垂直试件，对坡口根部及定位焊缝加热，以保证与定位焊缝的接头熔合良好。由于铝质焊件导热性好，往往焊至收尾处感觉焊件温度已提高很多，这时就应该适当加快焊接速度，收弧时多送几滴熔滴填满弧坑，防止产生弧坑裂纹。焊接中，要求焊丝熔化端始终保持在氩气保护的气氛中。

4）当采用分两层进行的方法焊接时，操作方法相同，焊枪不做横向摆动，以防产生气孔和裂纹。

复习思考题

1. 在实际生产过程中，手工钨极氩弧焊一般适用于哪些场合？
2. 不锈钢及铝合金工件的焊前清理方法有哪些？
3. 6 系铝合金板材焊接时，焊丝应如何选择？
4. 铝合金材料钨极氩弧焊时，使用交流电源有什么优点？
5. 低合金钢管对接水平固定加排管障碍 TIG 焊如何进行定位焊？
6. 不锈钢管对接水平固定和垂直固定 TIG 焊的焊接工艺如何确定？
7. 铝合金板对接仰焊起弧时应如何操作？

项目4

气焊

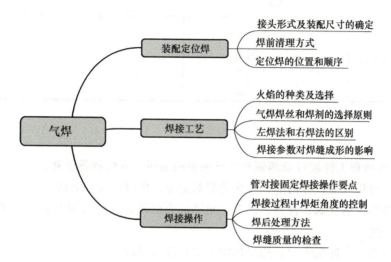

- 气焊
  - 装配定位焊
    - 接头形式及装配尺寸的确定
    - 焊前清理方式
    - 定位焊的位置和顺序
  - 焊接工艺
    - 火焰的种类及选择
    - 气焊焊丝和焊剂的选择原则
    - 左焊法和右焊法的区别
    - 焊接参数对焊缝成形的影响
  - 焊接操作
    - 管对接固定焊接操作要点
    - 焊接过程中焊炬角度的控制
    - 焊后处理方法
    - 焊缝质量的检查

4.1 气焊工艺准备

4.1.1 接头形式及间隙选择

低碳钢气焊接头形式及尺寸见表4-1。

表 4-1 低碳钢气焊接头形式及尺寸

接头形式	坡口形式		各部位尺寸/mm		
	名称	接头简图	板厚	间隙 c	钝边 p
对接接头	卷边		0.5~1	—	1~2
	I 形		1~5	0.5~1.5	—
	V 形坡口		4~5	2~4	1.5~3
	X 形坡口		>10	2~4	2~4

（续）

接头形式	坡口形式		各部位尺寸/mm		
	名称	接头简图	板厚	间隙 c	钝边 p
角接接头	卷边	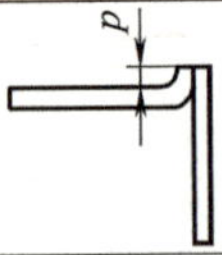	0.5~1	—	1~2
	不开坡口		<4	—	—
	V 形坡口	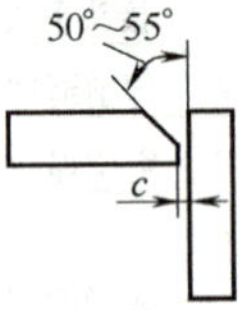 50°~55°	≥4	1~2	—

4.1.2　焊前清理

气焊前必须清理工件坡口及两侧和焊丝表面的油污、氧化物等脏物。

1）去油污可用汽油、异丙醇、煤油等溶剂清洗，也可用火焰烘烤。

2）可用砂纸、钢丝刷、锉刀、刮刀、角磨机等机械方法清理氧化膜，也可用酸或碱溶解金属表面氧化物。

3）清理后用清水冲洗干净，用火焰烘干后再进行焊接。

4.1.3　火焰的种类及选择

1）氧乙炔火焰的种类见表4-2。

表4-2　氧乙炔火焰的种类

种类	火焰形状	体积混合比(O_2/C_2H_2)	特点
碳化焰	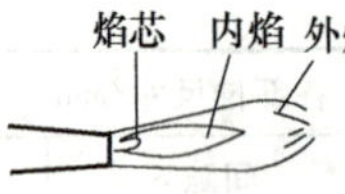 焰芯　内焰　外焰	<1	乙炔过剩，火焰中有游离状碳及过多的氢，焊低碳钢等，有渗碳现象。最高温度为 2700~3000℃
还原焰	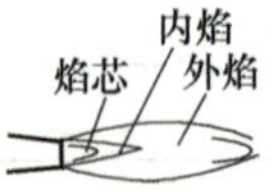 焰芯　内焰 外焰	≈1	乙炔稍多但不产生渗碳现象。最高温度为 2930~3040℃
中性焰	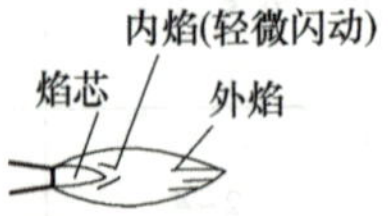 内焰(轻微闪动) 焰芯 外焰	1.1~1.2	氧气与乙炔充分燃烧，没有氧或乙炔过剩。最高温度为 3050~3150℃
氧化焰	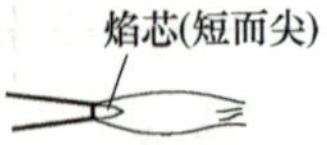 焰芯(短而尖)	>1.2	氧气过剩，火焰呈氧化性，最高温度为 3100~3300℃

注：还原焰也称"乙炔稍多的中性焰"。

2）各种金属材料气焊时所采用的火焰见表4-3。

表4-3 各种金属材料气焊时所采用的火焰

焊接材料	火焰种类
低碳钢、中碳钢、不锈钢、铝及铝合金、铅、锡、灰铸铁、可锻铸铁	中性焰或乙炔稍多的中性焰
低碳钢、低合金钢、高铬钢、不锈钢、纯铜	中性焰
青铜	中性焰或氧稍多的轻微氧化焰
高碳钢、高速钢、硬质合金、蒙乃尔合金	碳化焰
纯镍、灰铸铁及可锻铸铁	碳化焰或乙炔稍多的中性焰
黄铜、锰铜、镀锌薄钢板	氧化焰

4.1.4 焊丝和焊剂的选择

1）焊丝的选择。低碳钢常用的气焊丝有H08、H08A等，气焊丝的规格一般为直径$\phi 2 \sim \phi 4mm$，长度1m。

焊丝直径的选择也非常重要，如果焊丝直径比焊件厚度小得多，则焊接时往往会发生焊件尚未熔化而焊丝却已经熔化下滴的现象，造成熔合不良；相反，如果焊丝直径比焊件厚度大得多，则为了使焊丝熔化就必须经较长时间的加热，从而使焊件热影响区过大，降低了焊缝质量。焊丝的直径还与焊接的方法（左向焊和右向焊）有关，一般右向焊时所选的焊丝直径要比左向焊时大一些。气焊时焊丝直径的选择见表4-4。

表4-4 气焊时焊丝直径的选择　　　　　（单位：mm）

焊件厚度	1~2	2~3	3~5	5~10	10~15	>15
焊丝直径	不用焊丝或1~2	2	2~3	3~4	4~6	6~8

2）焊剂的选择。气焊熔剂主要用于铸铁、合金钢及各种有色金属的气焊，低碳钢气焊一般不使用熔剂，气焊熔剂的种类和用途见表4-5。

表4-5 气焊熔剂的种类和用途

牌号	名称	应用范围
CJ101	不锈钢及耐热钢气焊熔剂	不锈钢及耐热钢
CJ201	铸铁气焊熔剂	铸铁
CJ301	铜气焊熔剂	铜及铜合金
CJ401	铝气焊熔剂	铝及铝合金

4.1.5 焊接参数对焊缝成形的影响

气焊时焊接参数对焊缝成形的影响如图4-1所示。

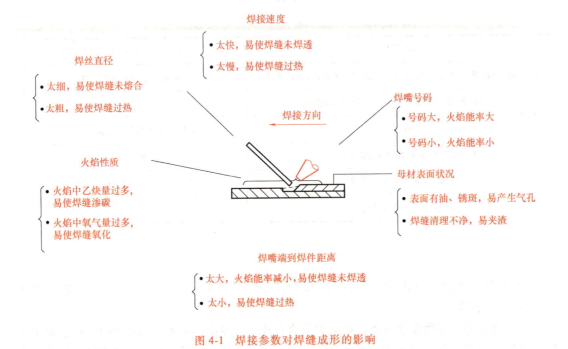

图 4-1　焊接参数对焊缝成形的影响

4.1.6　定位焊

为了防止焊接时产生过大的变形，在焊接前，应将焊件在适当位置实施一定间距的点焊定位。对于不同类型的焊件，定位方式略有不同。

1）薄板：定位焊从中间向两边进行，定位焊焊缝长为 5～7mm，间距为 50～100mm。薄板定位焊顺序应由中间向两边交替点焊，直至整条焊缝布满为止，如图 4-2 所示。

2）较厚板（厚度 $\delta \geqslant 4$mm）：定位焊的焊缝长度为 20～30mm，间距为 200～300mm。较厚板定位焊顺序从焊缝两端开始向中间进行，如图 4-3 所示。

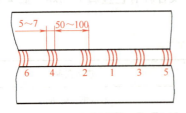

图 4-2　薄板的定位焊顺序

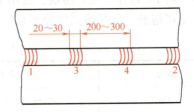

图 4-3　较厚板的定位焊顺序

3）管件：定位焊焊缝长度均为 5～15mm，管径 <φ100mm 时，将管周均分为 3 段，定位焊两处，另一处作为起焊处；管径为 φ100～φ300mm 时，将管周均分为 4 份，对称定位焊 4 处，将 1 与 4 之间作为起焊处；管径在 φ300～φ500mm 时，将管周均分为 8 份，对称定位焊 7 处，另一处作为起焊处。定位焊缝的质量应与正式施焊的焊缝质量相同，否则应铲除或修磨后重新定位焊接，如图 4-4 所示。

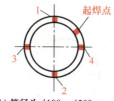
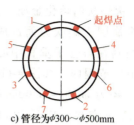

a) 管径<φ100mm　　　b) 管径为φ100~φ300mm　　　c) 管径为φ300~φ500mm

图 4-4　管件的定位焊

4.2　管件气焊操作要领

4.2.1　焊接操作

管子气焊时，一般采用对接接头。管子的用途不同，对其焊接质量的要求也不同。对于重要的管子（如电站锅炉管）的焊接，往往要求单面焊双面成形，以满足较高工作压力的要求。对于中压以下的管子，如水管、风管等，应要求对接接头不泄漏，且要达到一定的强度。对于比较重要管子的气焊，当壁厚<2.5mm 时，可不开坡口；当壁厚>2.5mm 时，为使焊缝全部焊透，需将管子开 V 形坡口，并留有钝边。

管子对接时坡口的钝边和间隙大小均要适当，不可过大或过小。当钝边太大、间隙过小时，焊缝不易焊透，如图 4-5a 所示，会降低接头的强度；当钝边太小、间隙过大时，容易烧穿，使管子内壁产生焊瘤，如图 4-5b 所示，会减小管子的有效截面积，增加气体或液体在管内的流动阻力。接头一般可焊两层，应防止焊缝内外表面凹陷或过分凸出，一般管子焊缝的加强高度不得超过管子外壁表面 1~2mm（或为管子壁厚的 1/4），其宽度应盖过坡口边缘 1~2mm，并应均匀平滑地过渡到母材金属，如图 4-5c 所示。

a) 钝边太大，间隙过小　　b) 钝边太小，间隙过大　　　c) 合格

图 4-5　管子的对接

普通低碳钢管件气焊时，采用 H08 焊丝基本上可以满足产品要求。但在焊接重要的低碳钢管子（如电站锅炉 20 钢管）时，必须采用低合金钢焊丝，如 H08MnA 等。

（1）转动管子的焊接　由于管子可以自由转动，因此焊缝熔池始终可以控制在方便的位置上施焊。当管壁<2.5mm 时，最好处于水平位置施焊；对于管壁较厚和开有坡口的管子，不应处于水平位置焊接，应采用爬坡焊。因为管壁厚，填充金属多，加热时间长，如果熔池处于水平位置，则不易得到较大的熔深，也不利于焊缝金属的堆高，同时焊缝成形不良。

采用左向焊法时，应始终控制在与管子垂直中心线呈 20°~40°角的范围内进行焊接，如图 4-6a 所示，这样可以加大熔深，并能控制熔池形状，使接头均匀熔透。同时使填充金属熔滴自然流向熔池下部，使焊缝成形快，且有利于控制焊缝的高度，更好地保证焊接质量。每次焊接结束时，要填满熔池，火焰应慢慢离开熔池，以避免出现气孔、凹坑等缺陷。采用右向焊法时，火焰吹向熔化金属部分，为防止熔化金属因火焰吹力而造成焊瘤，熔池应控制在与管子垂直中心线呈 $10°\sim 30°$ 角的范围内，如图4-6b所示。当焊接直径为 $\phi200\sim\phi300mm$ 的管子时，为防止变形，应采用对称焊法。

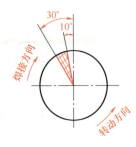

a) 左向爬坡焊　　　　　b) 右向爬坡焊

图4-6　转动管子的焊接位置

（2）**垂直固定管的气焊**　管子垂直立放，接头形成横焊缝，其操作特点与直缝横焊相同，只需随着环形焊缝的前进而不断地变换位置，以始终保持焊嘴、焊丝和管子的相对位置不变，从而更好地控制焊缝熔池的形状。

垂直固定管对接接头形式如图4-7所示。通常采用右向焊法，焊嘴、焊丝与管子轴线的夹角如图4-8所示；焊丝、焊嘴与管子切线方向的夹角如图4-9所示。

a) 不开坡口对接接头　　　　b) 单边V形坡口对接接头　　　　c) V形坡口对接接头

图4-7　垂直固定管对接接头形式

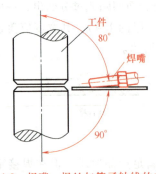

图4-8　焊嘴、焊丝与管子轴线的夹角　　　　图4-9　焊丝、焊嘴与管子切线方向的夹角

1）采用右向焊法，在开始焊接时，先将被焊处适当加热，然后将熔池烧穿，形成一个熔孔，这个熔孔一直保持到焊接结束。右向焊法双面成形一次焊满运条法如图4-10所示。形成熔孔的目的有两个：一是使管子熔透，以得

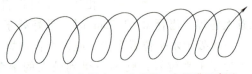

图4-10　右向焊法双面成形一次焊满运条法

到双面成形；二是通过控制熔孔的大小还可以控制熔池的温度。熔孔的大小以控制在等于或稍大于焊丝直径为宜。

2）熔孔形成后，开始填充焊丝。施焊过程中焊炬不做横向摆动，而只在熔池和熔孔间做前后微摆动，以控制熔池温度。当熔池温度过高时，为使熔池得以冷却，此时火焰不必离

开熔池，可将火焰的焰芯朝向熔孔。这时内焰区仍然笼罩着熔池和近缝区，保护液态金属不被氧化。

3）在旋焊过程中，焊丝始终浸在熔池中，熔孔形状和运条范围如图4-11所示。运条范围不要超过管子对口下部坡口的1/2处，如图4-11所示，要在 a 范围内上下运条，否则容易造成熔滴下坠现象。

4）因为焊缝是一次焊成的，所以焊接速度不可太快，必须将焊缝填满，并有一定的加强高度。如果采用左向焊法，则需进行多层焊。多层焊焊接顺序如图4-12所示。

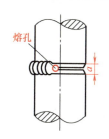

图4-11 熔孔形状和运条范围

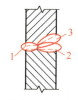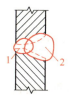

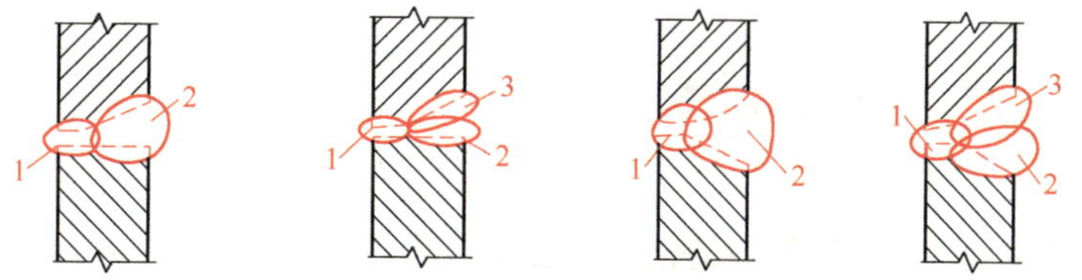

a）单边V形坡口多层焊　b）单边V形坡口多层焊　c）V形坡口多层焊　d）V形坡口多层焊

图4-12 多层焊焊接顺序

（3）水平固定管的气焊 水平固定管环缝包括平、立、仰三种空间位置的焊接，也称全位置焊接。焊接时，应随着焊接位置的变化而不断调整焊嘴与焊丝的夹角，使夹角保持基本不变。焊嘴与焊丝的夹角通常应保持在90°；焊丝、焊嘴和工件的夹角一般为45°，但需根据管壁的厚薄和熔池形状的变化，在实际焊接时适当调整和灵活掌握，以保持不同位置时的熔池形状，既保证熔透，又不致过烧和烧穿。水平固定管全位置焊接的分布情况如图4-13所示。

在焊接过程中，为了调整熔池的温度，建议焊接火焰不要离开熔池，利用火焰的温度分布进行调节。当温度过高时，将焊嘴对着焊缝熔池向里送进一点，一般为2~4mm的调节范围。火焰温度可在1000~3000℃范围内进行调节，既能调节熔池温度，又不使焊接火焰离开熔池，让空气有侵入的机会，同时又保证了焊缝底部不产生内凹和未焊透，特别是在第一层焊接时更为有利。但这种操作方法因为焊嘴送进距离很小，内焰的最高温度处至焰心的距离通常只有2~4mm，所以难度较大，不易控制。

水平固定管的焊接应先进行定位焊，然后再正式焊接。在焊接前半圈时，起点和终点都要超过管子的垂直中心线5~10mm；焊接后半圈时，起点和终点都要和前段焊缝搭接一段，以防止起焊处和收口处产生缺陷。搭接长度一般为10~20mm，水平固定管焊接的搭接如图4-14所示。

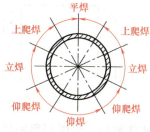

图4-13 水平固定管全位置焊接的分布情况

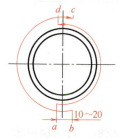

图4-14 水平固定管焊接的搭接

a，d—先焊半圈的起点和终点

b，c—后焊半圈的起点和终点

4.2.2　焊后处理

焊后残存的焊缝及附近的熔剂和焊渣要及时清理干净，否则会腐蚀焊件。清理方法为先在 60~80℃ 热水中用硬毛刷洗刷焊接接头，重要构件洗刷后再放入 60~80℃、质量分数为 2%~3% 的铬酐水溶液中浸泡 5~10min，然后再用硬毛刷仔细洗刷，最后用热水冲洗干净。

清理后若焊接接头表面无白色附着物即可认为合格；或用质量分数为 2% 的硝酸银溶液滴在焊接接头上，若没有产生白色沉淀物，即说明清洗干净。铸造合金补焊后消除内应力，可进行 300~350℃ 退火处理。

4.3　气焊技能训练实例

技能训练 1　低碳钢管对接垂直固定气焊

1. 焊前准备

1）试件材料：Q235 钢管，规格 $\phi60mm \times 3mm$，$L = 100mm$，2 件，60° V 形坡口，如图 4-15 所示。

2）焊接材料：H08 焊丝，直径 $\phi3.0mm$，去除表面油污、锈蚀。

3）焊接要求：单面焊双面成形。

4）焊接设备：采用 H01-16 焊炬，氧乙炔气体，选配 H03 焊嘴。

2. 装配定位焊

1）将坡口内部及外侧 30mm 范围内打磨干净，直至露出金属光泽。

2）检查氧气管、乙炔管与焊炬各连接处是否有漏气现象，严禁在漏气的情况下使用，否则极易发生爆炸。检查清理焊嘴有无堵塞现象。

3）将两节除锈修整后的试件放在 V 形组焊胎膜上，转动管节，使两管尽量同心，局部错边量小于 0.5mm，调整两管间距为 2mm，如图 4-16 所示。

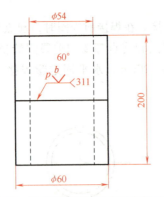

图 4-15　低碳钢管对接垂直固定焊示意图

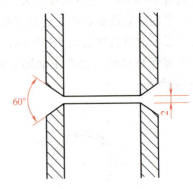

图 4-16　装配尺寸

4）点燃焊炬，右手握焊炬，左手握焊丝，焊嘴对准试件坡口，焊嘴端部距试件高度为 4~5mm，焊丝端部距火焰中心 10mm 左右，稍微摆动焊炬预热试件及焊丝，待试件局部熔化，将焊丝送入熔池，焊丝熔化后抽出，向左移动焊炬形成新熔池再送入焊丝，反复几次形成约10mm的短焊缝；重新调整试件间隙，并将其转动120°定位第二点，完成定位焊，如图4-17a所示。

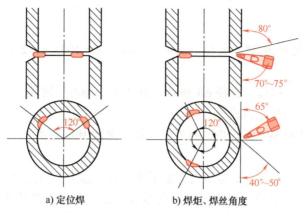

a) 定位焊　　　　　b) 焊炬、焊丝角度

图4-17　定位焊与焊炬、焊丝角度

3. 焊接参数

低碳钢管对接垂直固定焊的焊接参数见表4-6。

表4-6　低碳钢管对接垂直固定焊的焊接参数

焊接层次	焊丝直径/mm	焊炬	焊嘴	焊嘴孔径/mm	氧气压力/MPa	乙炔压力/MPa	火焰性质	焊接速度/(mm/min)
1	3.0	H01-6	H03	1.1	0.3	0.03	中性	100
2	3.0	H01-6	H03	1.1	0.3	0.03	中性	100

4. 操作要点及注意事项

（1）打底层　清理焊炬焊嘴，采用左向焊法，焊嘴对准试件非固定点处，与两固定点分别呈120°，焊炬工作角度为70°~75°，前进角约65°，试件处于内焰范围，焊丝角度为40°~50°，如图4-17b所示。稍微摆动焊炬预热坡口起焊位置及焊丝，待坡口两侧熔化形成熔池，送入焊丝，熔化后抽出焊丝，不要离开外焰保护，摆动左移焊炬，形成新熔池再送入焊丝，如此反复形成焊缝。随着焊接向左进行，焊炬逐渐扭转调整前进角，并逐渐减小。接头时应先预热原停焊处，当此处熔化后再送入焊丝。火焰摆动及焊丝送给方法如图4-18所示。

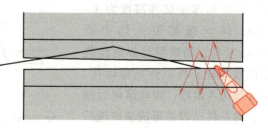

图4-18　火焰摆动及焊丝送给方法

（2）盖面层　错开打底层接头处，采用左向焊法，适当调大火焰能率，焊炬工作角度为70°~75°，前进角为70°~75°，锯齿形摆动火焰，连续进退焊丝。封口处多添加几滴焊丝，使接头饱满圆滑无脱节。

5. 焊缝质量检查

1）焊缝表面不得有裂纹、夹渣、未熔合等缺陷。

2）焊缝宽度为7~8mm，焊缝余高小于2mm、大于0mm。

3）焊缝表面波纹均匀，与母材圆滑过渡。

技能训练2 低碳钢管对接水平固定气焊

1. 焊前准备

1）试件材料：Q235钢管，规格ϕ60mm×3mm，$L = 100$mm，2件，60°V形坡口，如图4-19所示。

2）焊接材料：H08焊丝，直径ϕ3.0mm，除去表面油污、锈蚀。

3）焊接要求：单面焊双面成形。

4）焊接设备：采用H01-6焊炬，氧乙炔气体，选配H03焊嘴。

2. 装配定位焊

1）将坡口内部及外侧30mm范围内打磨干净，直至露出金属光泽。

2）检查氧气管、乙炔管与焊炬各连接处是否有漏气现象，严禁在漏气的情况下使用，否则极易发生爆炸。检查清理焊嘴有无堵塞现象。

3）将两节除锈修整后的试件放在V形组焊胎模上，转动管子，使两管尽量同心，局部错边量小于0.5mm，调整两管间距为2mm，如图4-20所示。

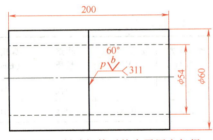

图4-19　低碳钢管对接水平固定气焊

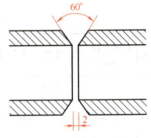

图4-20　装配尺寸

4）点燃焊炬，右手握焊炬，左手握焊丝，焊嘴对准试件坡口，焊嘴端部距试件高度为4~5mm，焊丝端部距火焰中心10mm左右，稍微摆动焊炬预热试件及焊丝。待试件局部熔化，将焊丝送入熔池，焊丝熔化后抽出，向左移动焊炬形成新熔池后再送入焊丝，反复几次形成短焊缝约10mm；重新调整试件间隙，并将其转动120°定位第二点，完成定位焊，如图4-21a所示。

3. 焊接参数

低碳钢管对接水平固定焊的焊接参数见表4-7。

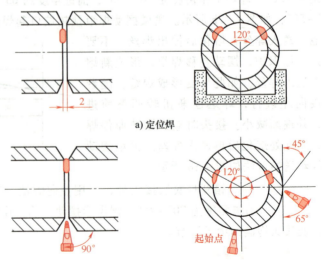

a）定位焊

b）焊炬、焊丝角度

图4-21　低碳钢管对接水平固定焊

表 4-7　低碳钢管对接水平固定焊的焊接参数

焊接层次	焊丝直径/mm	焊炬	焊嘴	焊嘴孔径/mm	氧气压力/MPa	乙炔压力/MPa	火焰性质	焊接速度/(mm/min)
1	3.0	H01-6	H03	1.1	0.3	0.03	中性	100
2	3.0	H01-6	H03	1.1	0.3	0.03	中性	100

4. 操作要点及注意事项

（1）打底层　清理焊炬焊嘴，采用左向焊法，焊嘴对准试件非固定点处，其与两固定点分别呈 120°，焊炬工作角度约 90°，前进角度约 65°，试件处于内焰范围，焊丝角度约 45°，如图 4-21b 所示。稍微摆动焊炬预热坡口起焊位置及焊丝，待坡口两侧熔化形成熔池，送入焊丝，熔化后抽出，不要离开外焰保护，摆动左移焊炬，形成新熔池再送入焊丝，如此反复形成焊缝。随着焊接向左进行，焊炬逐渐扭转调整前进角，并逐渐减小。接头时应先预热原停焊处，当此处熔化后再送入焊丝。火焰摆动及焊丝送给方法如图 4-22 所示。

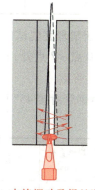

图 4-22　火焰摆动及焊丝送给方法

（2）盖面层　错开打底层接头处，采用左向焊法，适当调大火焰能率，焊炬工作角度为 90°，前进角度 70°~75°，锯齿形摆动火焰，连续进退焊丝。封口处多添加几滴焊丝，使接头饱满圆滑无脱节。

5. 焊缝质量检查

1）焊缝表面不得有裂纹、夹渣、未熔合等缺陷。

2）焊缝宽度 7~8mm，焊缝余高 0~2mm。

3）焊缝表面波纹均匀，与母材圆滑过渡。

技能训练3　低合金钢管对接 45°上斜固定气焊

1. 焊前准备

1）试件材料：Q355 钢管，规格 $\phi51mm×4mm$，$L=150mm$，2 件，V 形坡口，如图 4-23a 所示。

2）焊接材料：H08A 焊丝，直径 $\phi2.0mm$，除去表面油污、锈蚀。

3）焊接要求：单面焊双面成形。

4）焊接设备：采用 H01-6 焊炬，氧乙炔气体，选配 H04 焊嘴。

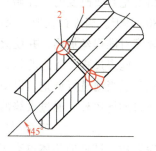

a）试件装配　　　b）焊接层次

图 4-23　低合金钢管对接 45°固定气焊

2. 装配定位焊

1）焊前清理：在坡口及坡口边缘两侧各 10~15mm 范围内用角磨砂轮打磨，使之呈现出金属光泽，清除油、污、锈、垢等。对焊丝也要进行同样处理。

2）检查氧气管、乙炔管与焊炬各连接处是否有漏气现象，严禁在漏气的情况下使用，否则极易发生爆炸。检查清理焊嘴有无堵塞现象。

3）试件装配：将打磨完的试件进行装配，试件装配及焊缝层次如图 4-23 所示，装配尺寸见表 4-8。

表 4-8　低合金钢管对接 45°上斜固定焊的装配尺寸　　　　（单位：mm）

根部间隙		钝边	错边量
始焊端	终焊端	0.5	≤0.5
2.5	2.5		

4）对于清理完的试件，在焊前要进行定位焊，采用中性火焰，定位焊有两点（在相当于时钟面 10 点、2 点处）；定位焊缝长为 5~8mm，定位焊缝的质量要求与正式焊缝相同。

3. 焊接参数

低合金钢管对接 45°上斜固定焊的焊接参数见表 4-9。

表 4-9　低合金钢管对接 45°上斜固定焊的焊接参数

焊接层次	焊丝直径/mm	焊炬	焊嘴	焊嘴孔径/mm	氧气压力/MPa	乙炔压力/MPa	火焰性质	焊接速度/(mm/min)
1	2.0	H01-6	H04	1.2	0.3	0.03	中性	100
2	2.0	H01-6	H04	1.2	0.3	0.03	中性	100

4. 操作要点及注意事项

（1）打底焊　气焊时，为保证坡口上侧和坡口下侧的受热量均匀，应通过焊炬的摆动左右平行运动，从而促成熔池始终保持在水平位置上。起焊时，焊工侧面蹲好，右手拿气焊炬，左手拿焊丝，起焊点应越过相当于时钟面 6 点位置处 10~20mm。待气焊火焰稳定燃烧后，在坡口钝边同时熔化的情况下，从坡口钝边处采用间断送丝法进行送丝，即焊丝在气焊火焰的范围内，一滴一滴地向熔池填送金属，焊丝尽量送至坡口间隙内部，焊炬做稍有横向小摆动，向上运动。当发现铁液稍有下坠现象时，应立即将气焊火焰移开熔池，加速焊接区域的冷却，待熔池稍冷却后，再继续加热→熔化→填丝→焊接。在气焊过程中，焊嘴的倾斜角度是需要改变的。开始气焊时，为了较快地加热试件和迅速形成熔池，焊嘴的倾角可为 80°~90°。当焊接快要结束时，为了更好地填满弧坑和避免烧穿，可将焊嘴的倾角减小，使焊嘴对准焊丝加热，并使火焰做上下跳动，断续地对焊丝和熔池加热。

施焊过程要注意的是，焊炬焊嘴、焊丝应随着管子曲率变化而变化，焊工操作姿势也应随其适当地进行调整，以便操作。施焊时，焊炬焊嘴的运动应平稳，填送焊丝的位置应在上坡口的钝边外，通过火焰的吹力托住铁液，使铁液自然地流向下坡口钝边。

（2）盖面焊　施焊时的起焊点与打底焊的起焊点要错开 10~15mm 的距离，由于打底焊层较薄，试件的整体也有了一定的温度，盖面焊焊接速度在焊缝熔合良好的情况下也应快些，以防烧穿。操作时应采用斜拉、椭圆形运条法（即斜圆圈运条法），使焊丝在上坡口与下坡口处平行地画椭圆形圆圈。焊丝在上坡口边缘停留时间要比下边缘稍长些，熔池对坡口上下边缘要各熔化 2~2.5mm。盖面焊要获得良好的外观成形，除焊炬要稳、运条要匀外，还应抓好起头、运条、收弧三个环节，这三个环节归根结底就是接好两个头的问题，即下接头与上接头。

5. 焊缝清理

试件气焊完成后，用敲渣锤、钢丝刷将焊渣、焊接飞溅物等清理干净，严禁动用机械工具进行清理，使焊缝处于原始状态，交付专职检验前不得对各种焊接缺陷进行修补。

复习思考题

1. 低碳钢管对接气焊时，接头形式及间隙如何选择？
2. 低合金钢气焊时采用哪种火焰？有什么特点？
3. 低合金钢气焊时，在哪些情况下采用 H08A 焊丝进行焊接？
4. 气焊对接接头焊缝未焊透缺陷有可能是什么原因造成的？
5. 低碳钢管对接垂直固定焊时如何进行定位焊？
6. 与垂直固定和水平固定相比，气焊 45°固定管对接焊操作应注意哪些要点？

项目5

钎焊

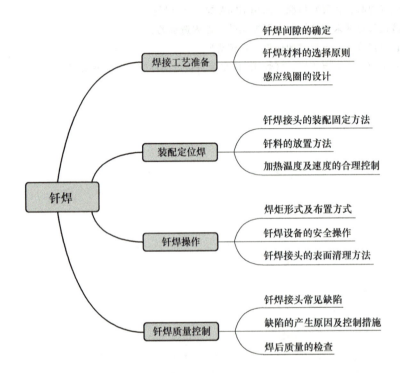

钎焊
- 焊接工艺准备
  - 钎焊间隙的确定
  - 钎焊材料的选择原则
  - 感应线圈的设计
- 装配定位焊
  - 钎焊接头的装配固定方法
  - 钎料的放置方法
  - 加热温度及速度的合理控制
- 钎焊操作
  - 焊炬形式及布置方式
  - 钎焊设备的安全操作
  - 钎焊接头的表面清理方法
- 钎焊质量控制
  - 钎焊接头常见缺陷
  - 缺陷的产生原因及控制措施
  - 焊后质量的检查

5.1 钎焊工艺准备

5.1.1 钎焊间隙的选择

接头间隙的大小是影响钎缝的致密性和强度的关键因素。间隙过小，会妨碍液态钎料正常的流动而使钎缝未焊透或夹渣；间隙过大，则破坏了钎缝的毛细管作用，致使间隙不能正常填满。

1）在均匀加热钎焊壁厚相差不大的工件时，因热收缩较小，接头间隙一般不会有明显变化。常用金属钎焊接头间隙推荐见表 5-1。

2）当钎焊壁厚差异较大或两种不同材料的工件时，在加热过程中接头间隙可能发生变化较大，从而影响钎焊质量。例如，黄铜与碳钢的套接接头，因黄铜的线胀系数大于碳钢，当黄铜零件套在碳钢内侧，则加热时间隙变小；反之，加热间隙增大。因此，当钎焊壁厚相差较大或两种不同材料的工件时，必须保证钎焊温度时的所需间隙，而不是室温装配时的间隙。

表 5-1　常用金属钎焊接头间隙推荐

钎料	母材及间隙/mm				
	铜及铜合金	碳钢	不锈钢	铝及铝合金	硬质合金
银基钎料	0.02～0.07	0.02～0.07	0.04～0.07	—	0.10～0.15
镍基钎料	—	—	0.05～0.12	—	—
铜磷钎料	0.03～0.13	—	—	—	—
铜钎料	—	0.02～0.05	0.02～0.07	—	0.10～0.15
黄铜钎料	0.02～0.12	0.05～0.08	0.02～0.07	—	—
铝基钎料	—	—	—	0.10～0.30	—
铜锌钎料	—	—	—	—	0.08～0.12

5.1.2　钎焊接头的装配固定方法

1）典型零件的钎焊接头定位方法如图 5-1 所示。

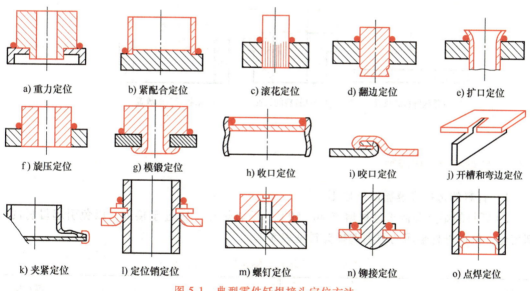

a) 重力定位　　b) 紧配合定位　　c) 滚花定位　　d) 翻边定位　　e) 扩口定位

f) 旋压定位　　g) 模锻定位　　h) 收口定位　　i) 咬口定位　　j) 开槽和弯边定位

k) 夹紧定位　　l) 定位销定位　　m) 螺钉定位　　n) 铆接定位　　o) 点焊定位

图 5-1　典型零件钎焊接头定位方法

2）对于随炉加热的工装夹具，在选择时必须考虑以下因素：

① 必须在高温下保持足够的强度和刚度，并在炉内的保护气氛中不发生强烈的化学反应。

② 夹具材料的热胀系数应该与被钎焊的母材相近，在长期使用中不易发生变形及破坏。

③ 结构设计上要充分考虑到重量要轻，便于固定及拆卸，并对多品种批量生产具有通用性。

5.1.3　钎料的放置方法

放置钎料时，应尽量利用间隙的毛细作用、钎料的重力作用使钎料填满装配间隙。常用钎料放置方法如图 5-2 所示。

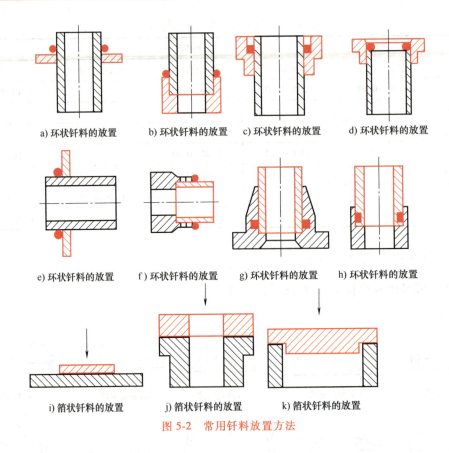

a) 环状钎料的放置　　b) 环状钎料的放置　　c) 环状钎料的放置　　d) 环状钎料的放置

e) 环状钎料的放置　　f) 环状钎料的放置　　g) 环状钎料的放置　　h) 环状钎料的放置

i) 箔状钎料的放置　　j) 箔状钎料的放置　　k) 箔状钎料的放置

图 5-2　常用钎料放置方法

5.1.4　钎焊材料选择原则

1）钎料的选择应遵循以下原则：

① 钎料的熔点要低于母材熔点 40~50℃，两者熔点不宜过于接近，以免引起母材的局部熔化，根据母材金属的类别选择钎料见表 5-2。

表 5-2　根据母材金属的类别选择钎料

母材类别	铝及其合金	碳钢	铸铁	不锈钢	耐热合金	硬质合金	铜及其合金
铝及其合金	铝基钎料（HL401）锡锌钎料（HL501）锌铝钎料	—	—	—	—	—	—
碳钢	锡锌钎料 锌镉钎料 锌铝钎料	锡铅钎料（HL603）黄铜钎料（HL101①）银钎料（HL303）	—	—	—	—	铜磷钎料（HL201）黄铜钎料（HL103）银钎料（HL303）

（续）

母材类别	铝及其合金	碳钢	铸铁	不锈钢	耐热合金	硬质合金	铜及其合金
铸铁	不推荐	黄铜钎料（HS221）银钎料锡铝钎料	黄铜钎料（HS221）银钎料锡铅钎料	—	—	—	黄铜钎料锡铅钎料银钎料
不锈钢	不推荐	锡铅钎料黄铜钎料银钎料	锡铅钎料黄铜钎料银钎料	黄铜钎料（HL101）银钎料（HL312）锡铅钎料（HL603）	—	—	锡铅钎料黄铜钎料银钎料
耐热合金	不推荐	黄铜钎料银钎料	黄铜钎料银钎料	黄铜钎料银钎料	黄铜钎料银钎料	黄铜钎料银钎料（HL315[①]）	银钎料
铜及其合金	锡锌钎料锌镉钎料锌铝钎料	—	—	—	—	—	铜磷钎料（HL201）黄铜钎料（HL103）银钎料（HL303）锡铅钎料

注：括号内为推荐的钎料牌号。

①此类钎料没有国家标准对应的牌号。

② 选择钎料的主成分与母材主成分相同的钎料，使之与母材在焊接温度下互熔。

③ 应具有良好的化学稳定性，在钎焊的温度下，应具有良好的润湿性，能充分填满接头间隙。

④ 钎料导热性和导电性能要好。

2）钎剂的选择原则：

① 钎剂的选择应与所选的钎料相配合。

② 钎剂的选择除考虑钎料的种类外，还应考虑到两种母材的材质，所选用的钎剂应能同时清除两种母材的氧化物。

5.1.5　加热控制要求

1）火焰钎焊。

① 火焰钎焊厚薄不等的焊件时，预热火焰应指向厚件，着重对厚件加热，以防薄件熔化；对于超薄件，应尽量避免直接加热，而利用传导将热量传至接头。

② 异种材料火焰钎焊时，为保证钎焊接缝处能够均匀地加热到钎焊温度，应对热导率大的母材进行预热或将钎焊火焰偏向热导率大的母材。

2）炉中钎焊。加热温度根据钎料确定，一般选取钎料熔点以上 20～50℃ 为宜。保护气氛钎焊设备通常采用周期炉和连续炉。连续炉特别适用于大批量生产，周期炉中加热工艺是通过程序控制方式来保证的。而在炉中，把加热部分设计成二段加热区，把冷却部分设计成三段或四段冷却区来实现钎焊工艺，保护气氛炉中钎焊工艺曲线如图 5-3 所示。

3）硬质合金感应钎焊。为了避免由于硬质合金表层与内部温差过大而引起裂纹，在钎焊时应控制其加热速度和冷却速度。表 5-3 所列为部分硬质合金钎焊时允许的加热速度。

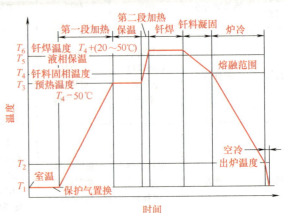

图 5-3　保护气氛炉中钎焊工艺曲线

P 类硬质合金的裂纹敏感性较大，其加热速度也应比 K 类硬质合金更低。

钎焊后的冷却速度一般比加热速度低 8～10 倍。钎焊后在 320～350℃ 下保温回火处理 6h，可以减小和清除接头中的残余应力，防止产生钎焊裂纹。

表5-3　部分硬质合金钎焊时允许的加热速度　　　　　　（单位：℃/s）

合金片长度/mm	牌号			
	K30	P30	P10	P05
20 以下	80～100	60～80	50～60	30～40
20～40	20～30	15～20	12～15	10～12

5.1.6　感应圈设计

感应钎焊时，需要根据工件结构合理设计感应线圈。常见感应钎焊接头、线圈设计和预置钎料如图 5-4 所示。

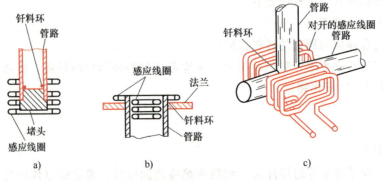

a)　　　　　　　　b)　　　　　　　　c)

图 5-4　感应钎焊接头、线圈设计和预置钎料

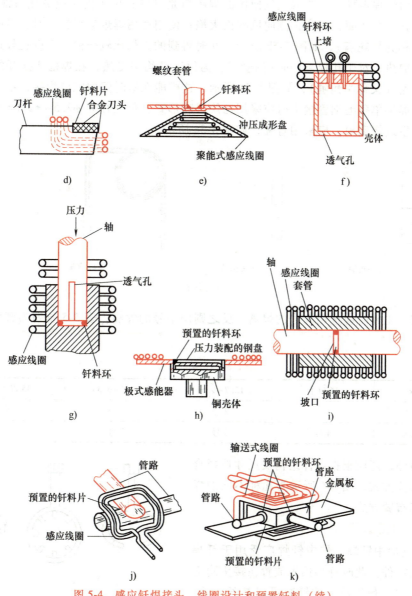

图 5-4 感应钎焊接头、线圈设计和预置钎料（续）

5.1.7 焊接装置

1. 焊嘴

焊炬。焊炬的选择可参照表 5-4。

表 5-4 焊炬的选择

铜管直径/mm	≤12.7	12.7~19.05	≥19.05
焊炬型号	H01-6	H01-12	H01-02

各种火焰钎焊的焊嘴根据焊炬尺寸、被加热的工件尺寸和选择的燃气来确定，图 5-5 所

示为三种常用的焊炬嘴。乙炔或氢气使用的焊嘴口是平的；用于丙烷或液化石油气的焊嘴，在焊嘴口上有一个凹面，以防止侧向风吹灭火焰；使用通用焊炬进行钎焊时，最好使用多孔喷嘴（通常称为梅花嘴），如图5-5b所示，此时得到的火焰比较分散，温度比较适当，有利于保证均匀加热；对于孔径≥16mm的管子，为保证其均匀受热，在焊枪能摆开的位置建议采用多头喷嘴（又称牛角嘴），如图5-5a所示，这样能在短时间内完成焊接，不会发生过烧现象；而在焊接单条毛细管接头时应采用乙炔焊嘴形式，但孔径为φ2.5~φ2.8mm时，为避免毛细管发生过烧现象，应采用直嘴，如图5-5c所示。

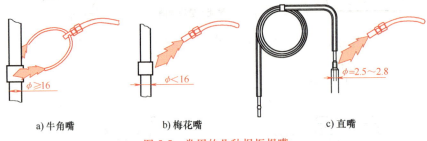

a) 牛角嘴　　　　　　　　b) 梅花嘴　　　　　　　　c) 直嘴

图 5-5　常用的几种焊炬焊嘴

钎焊较大工件时应选用大号的焊嘴，反之则用小号的焊嘴，表5-5所列为管钎焊时选择的焊嘴规格。

表 5-5　焊嘴的选择

管径/mm	16 以上	12.7~9.53	9.53~6.35	6.35 以下和毛细管
单孔嘴型号	3 号	2 号	1 号	不建议
梅花嘴型号	4 号	3 号	2 号	1 号

除焊嘴外，还应根据焊件结构及尺寸选择合理的焊炬布置方式，图5-6所示为几种不同的焊炬形式及其布置方式。

2. 炉中钎焊装置

1）空气炉中钎焊。炉中钎焊广泛用于钎焊已装配好的零件。此时钎料预先放置在接头附近或放入接头内，预先放置的钎料可以是丝、箔、锉屑、棒、粉末、膏和带状等，并将所选适量的粉状或糊状钎剂覆盖于接头上，一起置于一般的工业电炉中，加热至钎焊温度。依靠钎剂去除钎焊处的表面氧化膜，熔化的钎料流入钎缝间隙，冷凝后形成接头，如图5-7所示。

2）气体保护钎焊。较简单的保护气氛炉中钎焊是将工件放置于耐热钢或不锈钢制成的密封

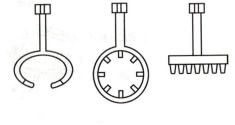

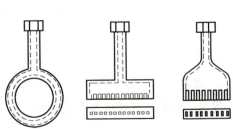

图 5-6　几种不同的焊炬形式及其布置方式

容器中，然后将容器放入电炉中加热钎焊（可用普通的电炉）。钎焊后将容器取出，钎焊件随容器一起冷却。钎焊容器的盖子常用胶圈密封，用螺栓夹紧。为防止胶圈受热失效，容器盖的部位应远离热源，并通水冷却。当焊件对容器的密封要求不是特别严格时，使用前可借

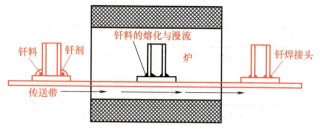

图 5-7　空气炉中钎焊

助在砂封槽中填砂来保证。容器上焊有保护气体的进气管和出气管，它们的位置安排对保护气体能否驱尽容器内的空气有较大影响。保护气体比空气轻（如氢气）时，出气管应安置在容器的底部；保护气体若重于空气（如氩气），出气管应安放在容器上部。气体保护钎焊装置的生产效率低，只能进行小批量生产。为了提高生产率，一般可设钎焊室和冷却室。较先进的为三室或多室结构，除钎焊室、冷却室外，还有预热室。气体保护钎焊示意如图 5-8 所示。

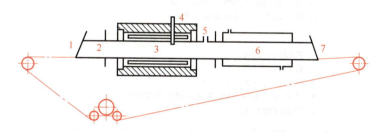

图 5-8　气体保护钎焊

1—入炉炉门　2—预热室　3—钎焊室　4—热电偶　5—气体入口　6—冷却室　7—出炉炉门

3）真空钎焊。真空钎焊的设备主要由真空钎焊炉和真空系统两部分组成。真空钎焊炉大致有两种类型：一种是真空室与加热器分开的，俗称热壁炉（图 5-9）。它的特点是在室温时先将装有钎焊件的容器中的空气抽出，然后将容器推进炉内，在炉中加热钎焊（此时继续抽真空）。钎焊后从炉中取出容器，在空气中快速冷却。另一种是真空室建立在加热室内，即加热炉与真空钎焊室为一体，俗称冷壁炉。用这种类型的钎焊炉钎焊，钎焊件钎焊后必须随炉冷却，限制了生产率。

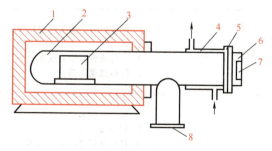

图 5-9　热壁炉

1—电炉　2—真空容器　3—工件　4—冷却水套　5—密封环
6—容器盖　7—窥视孔　8—接真空系统

5.2　钎焊接头缺陷及产生原因

图 5-10 所示为四种典型的钎焊表面缺陷。

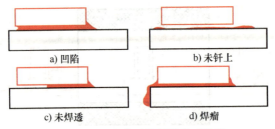

图 5-10　四种典型的钎焊表面缺陷

钎焊接头常见缺陷及产生原因见表 5-6。

表 5-6　钎焊接头常见缺陷及产生原因

缺陷种类	产生原因
部分间隙未填满	1. 接头设计不适当（间隙过小，接头装配后无法适应钎焊要求） 2. 钎焊前表面清洗不符合钎焊要求 3. 钎剂选择不当（活性不足、润湿性不佳，钎料与钎剂熔点相差过大） 4. 钎焊区域温度不够或分布不均匀 5. 钎料选用不当或添加量不足
钎料流失	1. 钎焊温度过高 2. 钎焊时间过长 3. 钎料与母材发生化学反应 4. 钎料安置不当，钎缝未能起到毛细管作用 5. 局部间隙过大
钎焊区域钎料表面不光滑	1. 钎焊温度过高 2. 钎焊时间过长 3. 钎剂添加量不足 4. 钎料金属晶粒粗大
钎缝中出现气孔	1. 熔化钎料中混入游离氧化物（钎焊前焊件表面清洗不符合钎焊要求或使用了不合适的钎剂） 2. 母材或钎料中有气体析出 3. 钎料过度加热
钎缝中夹渣	1. 钎剂量过多 2. 钎料量不足 3. 钎料从钎缝两端同时填入 4. 间隙选择不当 5. 钎料与钎剂熔点相差过大 6. 加入钎剂的密度过大 7. 焊件加热不均匀
钎缝区域出现裂纹	1. 异种母材的热胀系数差异而产生过大的内应力 2. 同种母材钎焊时加热不均匀，导致冷却时收缩不一致 3. 钎缝脆性过大 4. 钎料凝固时，钎件受到振动 5. 钎料结晶温度区间过大

（续）

缺陷种类	产生原因
母材区域出现裂纹	1. 母材过热或过烧 2. 钎料向基本材料晶间渗入 3. 母材导热性差造成热传导不均匀 4. 异种母材的热胀系数差异过大，且其塑性、韧性低 5. 工件本身的内应力而引起的应力腐蚀
母材熔蚀	1. 钎焊温度过高 2. 保温时间过长 3. 钎料添加量过大

5.3 钎焊技能训练实例

技能训练1 电火花磨轮的火焰钎焊

1. 工艺准备

电火花磨轮原来是由锻造加工而成的，现为了节省原材料，降低成本，采用35mm纯铜板和φ25mm纯铜棒钎焊而成，如图5-11所示。

1）焊接方法：火焰钎焊。

2）钎料和钎剂：选用B-Ag40CuZnGdNi钎料丝；钎剂可按照下列方法自行配制：按KF35%、KBF₄42%、H₃BO₃23%（质量分数）秤出钎剂，放在不锈钢制成的小碗中，在其中放入少量的水，然后用气体火焰将小碗中的钎剂加热，充分地溶解混合，使之成糊状。这样配制出的钎剂，施加方便，并且十分好用。

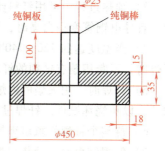

图5-11 电火花磨轮

3）表面清理：钎焊前用汽油将工件清洗干净。

4）装配间隙：0.02~0.05mm。

2. 操作要点及注意事项

1）由于纯铜焊件比较大，导热性好，散热快，因此必须采用两把大型焊炬（如H01-12或H01-20）加热。

2）加热时，焊炬使用还原焰不断地按圆周移动，主要加热φ450mm的大零件，加热前在接头周围涂少量的钎剂。

3）在焊炬不对准接头加热的情况下，看到钎剂熔化成水状流动时，即表示钎焊温度快到了，再在接头周围添加些钎剂，同样将丝状钎料放在接头上，依靠工件的热量使钎料熔化。

4）然后再用一把焊炬在接头周围加热，使钎料漫流，并依靠毛细作用填充整个钎焊间隙，同时形成钎焊圆角。

5）待焊件稍冷却一会儿后把焊件放入水中，这样可以使残存在钎焊件上的钎剂爆裂而去掉，同时焊件表面的氧化皮也可去掉，整个焊件很光亮。

技能训练 2　电极臂的火焰钎焊

1. 工艺准备

电极臂是由 $\phi 130mm \times 10mm$ 的导电铜管（材质为 T2）和电缆接头（材质为 ZCuZn62）钎焊而成，如图 5-12 所示。要求接头具有良好的导电性且焊后经 0.7MPa 水压试验无渗漏。

1）焊接方法：火焰钎焊。

2）钎料和钎剂：钎料选用直径 $\phi 4mm$ 的 HL303 银钎料；钎剂选用 QJ101 或 QJ102。

3）表面清理：焊前将钎料熔断成约 1m 长的钎料丝，并用细砂布擦光，用异丙醇或无水酒精清洗干净，然后弯成 L 形。然后用细砂布沿导电铜管的纵向打磨待焊处，直至露出金属光泽为止。

4）装配间隙：0.2～0.4mm。

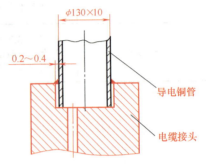

图 5-12　电极臂机构

2. 操作要点及注意事项

1）由于试件尺寸较大，且导热性好，散热快，因此采用 3 把大型焊炬 H01-12 加热。

2）由于电极臂尺寸大，加之铜及其合金的导热性好，因此焊前必须预热。预热时可用三把焊炬同时进行，火焰为中性焰或轻微碳化焰，焰芯距试件 20～30mm，火焰沿接头上下直线移动，并沿圆周均匀加热。火焰上下移动范围为钎焊套接长度加 100mm。

3）预热过程中可用钎料丝蘸上钎剂在待焊处试擦，当透过气焊眼镜观察到钎剂变成水状，且导电铜管变得白亮时，说明温度已达到 720～740℃，可进行钎焊。

4）当温度达到 720～740℃后，可用预热焊炬中的一把进行钎焊（另两把继续加热）。钎焊时，不断用蘸有钎剂的钎料丝擦抹导电铜管根部，使钎料熔化并填满间隙。

5）钎焊时，用火焰的内焰加热钎料，切忌用焰芯加热钎料，也不要在同一点过长时间加热，以免烧坏试件。钎焊过程中，若发现金属表面有黑斑，则需多添加钎剂去除黑斑。

6）待整个钎焊间隙填满钎料后，继续用焊炬焊出圆根。

7）钎焊结束时，预热焊炬应逐个减少，且钎焊火焰应由近渐远慢慢熄灭。

8）焊后清理：待接头冷至室温后，先用毛刷蘸体积分数为 15% 的柠檬酸水溶液刷洗，接着再用清水冲洗，最后将接头吹干。

技能训练 3　黄铜的空气炉中钎焊

1. 工艺准备

H62 黄铜管零件如图 5-13 所示。因中间正方形孔加工困难，则把该黄铜管纵向一分为二，分别粗加工出两个半矩形后再以钎焊方法相连接，最后经研磨达到所需尺寸（研磨余量为 0.2mm），要求严格控制焊接变形，但允许钎焊焊缝强度低于母材的 40%。

1）焊接方法：空气炉中钎焊。

2）钎焊设备：箱式电阻炉。

3）钎料和钎剂：HL304 钎料和 QJ301 钎剂。

2. 操作要点及注意事项

1）钎焊前处理：对管子内外壁的油污及氧化物薄膜进行清理。

2）钎焊时将焊件置于尺寸相当的槽钢内，以 4 块石墨等距离放入正方形矩形孔内做定位块，如图 5-14 所示，以补偿正方形矩形孔向中心的热膨胀而产生的变形。

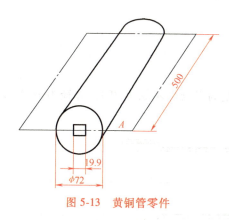

图 5-13　黄铜管零件

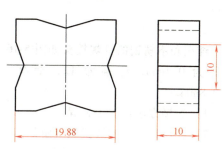

图 5-14　石墨定位块形状示意

3）待电阻炉炉膛温度达到 700℃ 时将试件放入炉中，待 750℃ 时出炉，时间为 30min，空冷至室温。

技能训练 4　铝合金的保护气氛炉中钎焊

1. 工艺准备

铝合金翅式机箱是机载电子设备的关键部件之一，它要求重量轻、散热快。机箱由防锈铝合金板及散热翅片组成，外形尺寸为 400mm×200mm×220mm，其结构如图 5-15 所示。

1）焊接方法：保护气氛炉中钎焊。

2）钎焊设备：纯氩或氮气保护炉。

3）钎料及钎剂：HLAlSi1.7 或 HLAlSi1.7SrLa 钎料，配用无腐蚀氟化物钎剂。

4）装配及定位：采用夹具。

2. 操作要点及注意事项

1）表面清理：清除钎焊丝及钎焊面的氧化膜及油污。

2）用蒸馏水调制钎剂成糊状并分别涂刷在待焊前面上，装配钎料片，并用 U 形压条、C 形夹具、双头螺杆夹紧。

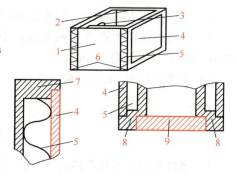

图 5-15　翅式机箱结构及装配示意
1—前板　2—后板　3—座块　4—盖板　5—翅板
6—内侧板　7—底座　8—侧板　9—面板

3）用 TIG 焊定位，然后撤除 U 形压条及双头螺杆，装配后放入炉温为 250℃ 的烘箱中除去钎剂中的水分。

4）待焊机箱入炉前先通入保护气体（流量 4~5L/min）约 3min，并将炉温控制仪预定为 700℃ 左右。

5）待试件入炉后炉温升温至 640℃ 时，将炉膛压力调至 0 并开始计时，3~4min 后压力调至 1kPa。

6）当钎剂开始熔化时，将保护气体流量调整至 16~18L/min，待液态钎料均匀填满钎缝时，停留 20~30s 后开启炉门，等钎料完全凝固 4~5min 后取出焊件，随后关闭保护气体，待空冷至 200℃ 以下才可拆卸两侧夹具。

7）在冷却至室温时放入硝酸、草酸溶液浸泡 3h，再用超声波清洗 1.5~2h，然后用清水冲洗，并用干燥洁净的压缩空气吹干。

技能训练 5 纯铜和不锈钢的炉中钎焊

1. 工艺准备

纯铜和不锈钢的钎焊接头如图 5-16 所示。不锈钢为奥氏体不锈钢 304，外径为 φ12mm，壁厚为 0.4mm，纯铜为 T2，壁厚为 0.8mm。

1）焊接方法：炉中钎焊。

2）钎焊设备：连续式氨分解炉。

3）钎料：钎料牌号为 BCu8Sn，加工成 φ12mm×0.15mm 的环。

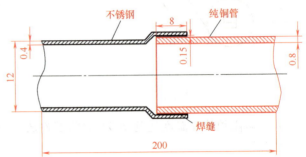

图 5-16 不锈钢和纯铜管钎焊接头示意

2. 操作要点及注意事项

1）表面清理：清除零件的边角毛刺及表面氧化物，然后用异丙醇清洗除油。

2）装配定位：为便于炉中钎焊时试件的定位，采用了管-管套接接头的设计。钎焊间隙为 0.15mm，搭接长度为 8mm，如图 5-16 所示。首先对不锈钢管进行扩孔，其次在铜管上套入钎料环，最后将铜管插入不锈钢管。

3）将试件装入加热炉，预热到 600℃。

4）将待焊试件在连续式氨分解炉中进行钎焊。通入分解氨，待焊试件达到钎焊温度 1000~1030℃ 后，保温 8min。

5）随炉冷却到 150℃，取出空冷。

技能训练 6 硬质合金车刀的高频感应钎焊

1. 工艺准备

1）试件材料：刀具基体为 45 钢，刀片为硬质合金 K30，如图 5-17 所示。

2）钎料：HL105（BCu58ZnMn）钎料具有较好的润湿性和较高的焊缝强度，且高温塑性好，钎料形态多样，是硬质合金工具钎焊的最佳钎料。

3）钎剂：脱水硼砂 50%（质量分数，余同）、硼酸 35% 和脱水氟化钾 15%。

4）焊接设备：高频感应钎焊设备。

2. 操作要点及注意事项

1）感应线圈设计：感应线圈的如图 5-18 所示。刀具与感应器的各相对位置间隔尺寸为 3~5mm，感应器的形状应根据刀具的形状尽量使感应电流平行于焊接平面流动。

2）钎料和钎剂的涂放：钎料上的钎剂应涂放均匀，钎料应充满焊缝。

3）钎焊温度：钎焊温度一般高出钎料融化温度 30~50℃，HL105 钎料的液相线温度为 909℃，因此设置钎焊温度 939~959℃，这时钎料的流动性、渗透性最好。

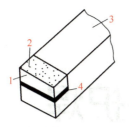

图5-17 硬质合金车刀钎焊示意
1—刀片 2钎剂 3—基体 4—钎料

图5-18 感应线圈设计

4）钎焊过程。

① 将预焊试件放入感应器中，应连续按动开关，使其缓慢加热。

② 当加热至940℃左右，钎料像汗珠一样渗出时，用纯铜加热棒将硬质合金沿槽窝往返移动3~5次，以排除焊缝中的熔渣，熔渣不排除，易形成夹渣，影响焊接质量。采用纯铜棒进行操作的优点在于它不粘熔剂、钎料和合金，而且它不易感应，可在各种钎焊加热时使用。

③ 排渣完成后，用拨杆将刀片放正，注意刀片和刀槽要对齐。

5）钎焊后热处理：焊后保温是硬质合金钎焊的一道重要工序，保温的好坏直接影响焊缝质量。对裂纹倾向较大的硬质合金刀具（P类），禁止将刚焊好的刀具与水及潮冷的地面接触，也不得用急风吹冷。一般应在石英砂、石棉粉或硅酸铝纤维箱中进行缓冷，刀具在保温箱中密集叠放，靠大试件的热量来保温并缓慢冷却。有条件的可采用保温缓冷和低温回火同时进行的方法，即将焊好的刀具立即送入保温箱，在250~300℃温度下保温5~6h后随炉冷却。

6）钎焊后清理：清除焊缝附近的多余熔剂，将焊后已冷却的试件放入沸水中煮30~45min，再进行喷砂处理，就可以彻底清除焊缝处多余的熔剂和氧化皮等脏物。在条件允许的情况下，也可将试件放入酸洗槽中进行酸洗，酸洗后必须经过冷水槽和热水槽相继清洗干净。酸洗时间不宜过长，一般视具体情况为1~4min，过长的酸洗可导致焊缝的腐蚀。

7）钎焊检验：主要检查硬质合金与钢钎焊接头质量及硬质合金有无裂纹存在。正常的焊缝应均匀无黑斑，钎料未填满的焊缝不大于焊缝总长的10%，焊缝宽度应小于0.15mm。

复习思考题

1. 钎焊间隙的选择原则有哪些？
2. 构件壁厚相差较大，在进行火焰钎焊时应怎么进行加热？
3. 钎焊时工件、钎料怎样进行装配固定？
4. 异种金属钎焊时，如何选择钎焊材料？
5. 针对不同的接头形式，炉中钎焊的钎料预置方法有哪些？
6. 炉中钎焊时如何确定加热温度？
7. 如何根据工件结构设计感应线圈？
8. 钎焊常见缺陷及产生原因是什么？

项目6

自动熔化极气体保护焊

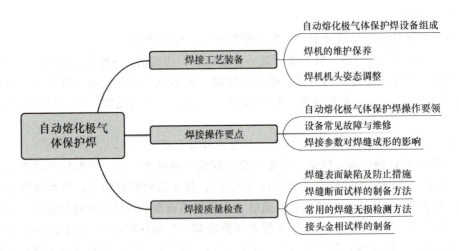

```
                                    ┌─ 自动熔化极气体保护焊设备组成
                     ┌─ 焊接工艺装备 ┼─ 焊机的维护保养
                     │              └─ 焊机机头姿态调整
                     │
                     │              ┌─ 自动熔化极气体保护焊操作要领
自动熔化极气         ┼─ 焊接操作要点 ┼─ 设备常见故障与维修
体保护焊             │              └─ 焊接参数对焊缝成形的影响
                     │
                     │              ┌─ 焊缝表面缺陷及防止措施
                     └─ 焊接质量检查 ┼─ 焊缝断面试样的制备方法
                                    ├─ 常用的焊缝无损检测方法
                                    └─ 接头金相试样的制备
```

6.1　自动熔化极气体保护焊设备

6.1.1　焊接设备组成

自动熔化极气体保护焊设备（以福尼斯设备为例）由弧焊电源、控制箱、遥控器、送丝机构、焊枪摆动器、ACC 电弧控制模块、轨道和支撑架、供气系统及真空泵组成，如图 6-1 所示。

1）遥控器。遥控器有两种：FRC-45 Basic 和 FRC-45 Pro，都可支持多国语言。其中 FRC-45Pro 拥有触控屏及专门的调节旋钮，当 FRC-45Pro 与 TPS/i 电源配套时，还可调节焊机参数，如图 6-2 所示。

2）OSC 焊枪摆动器。可提供两种摆动器：直线摆动器和钟摆式摆动器，它们分别有四种不同的摆动模式，根据不同的应用场合进行选择，来实现焊枪的左右摆动。OSC 焊枪摆动器型号及其技术参数见表 6-1，OSC 焊枪摆动器如图 6-3 所示。

3）ACC 电弧控制模块。ACC 电弧控制模块用于管道焊时自动调节焊枪与焊件之间的距

图 6-1　自动熔化极气体保护焊设备

离，主要的优点是当焊件表面不平坦或当轨道的圆心与焊件的圆心未重合时仍能达到最好的焊接效果。ACC电弧控制模块型号及其技术参数见表6-2，ACC电弧控制模块如图6-4所示。

a) FRC-45 Basic

b) FRC-45 Pro

图 6-2 遥控器

a) FOU30/ML10直线摆动器

b) FOU30/ML6钟摆式摆动器

图 6-3 OSC 焊枪摆动器

表 6-1 OSC 焊枪摆动器型号及其技术参数

规格型号	FOU30/ML10 直线摆动器	FOU30/ML6 钟摆式摆动器
摆动速度/(cm/min)	5~400	20~120
摆幅/mm	2~30	1~30
偏移/mm	0~50	0~50
停顿时间/s	0~3	0~3
最大负载量/kg	10	6
净重(不含焊枪夹持器)/kg	3.2	3.6
防护等级	IP23	IP23
摆动模式		

4）焊接小车和便携箱。焊接小车使用在刚性轨道的正上方位置上，适合配套 VR4000、VR5000 或 WF25i 型号的送丝机，如图6-5所示；工具便携箱拥有坚固及便携的塑料外壳，内置海绵橡胶保护小车，底轮的设计更便于运送，如图 6-6 所示。焊接小车技术参数见表6-3。

a) FMS100/ML15/SE/ACC　　　　b) FMS50/ML15/SE/ACC

图 6-4　ACC 电弧控制模块

表 6-2　ACC 电弧控制模块型号及其技术参数

规格型号	FMS100/ML15/SE/ACC	FMS50/ML15/SE/ACC
行走速度（自动）/(cm/min)	30	30
行走速度（手动）/(cm/min)	100	100
行走行程/mm	5~100	最大 50
停顿时间/s	1~60	1~60
敏感度	1~9	1~9
驱动电压/功率	24VDC/8W	24VDC/8W
最大负载量/kg	15	15
净重/kg	2.45	2
防护等级	IP23	IP23

图 6-5　焊接小车

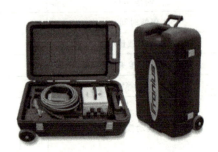

图 6-6　工具便携箱

　　5）轨道和支撑架。根据不同的应用，轨道共有三种类型：柔性轨道、直线轨道和环形轨道（管焊）。适用的支撑架也有三种，轨道和支撑架可组合成不同直径的配置，同时 Flex-Track 小车也可完美适配任意直径的配置，焊接小车轨道和支撑架类型见表 6-4。

表 6-3　焊接小车技术参数

代号	名称	代号	名称
A	控制器开关	I	限位开关
B	焊机连接口	J	调节开关
C	摆动控制器 FOU30/ML16 接口	K	数字显示屏
D	FMS50/100 焊枪电动调节器接口	L	FMS50/100 焊枪电动调节器开关
E	焊接开关	M	充电电池
F	行走开关	N	手柄
G	行走速度控制	O	电缆支架
H	导轨连接	P	选配焊枪夹持器

表 6-4　焊接小车轨道和支撑架类型

轨道系统	柔性轨道	直线轨道	环形轨道
固定直径的分段环形轨道支撑架	—	磁性底座支撑架	弹簧底座支撑架
柔性和刚性轨道支撑架	磁性底座支撑架	真空吸盘式支撑架	可调螺栓式支撑架

　　6）真空泵。在某些无法吸附的工件表面，必须采用真空泵来吸定轨道支撑架，如图 6-7 所示。真空泵带有钢质框架，吸力强劲，最多可安装 13 个真空吸盘支撑架，吸力可以通过停止阀来控制，真空泵技术参数见表 6-5。

图 6-7　真空泵

表 6-5　真空泵技术参数

技术参数	数值	技术参数	数值
抽气速度/(m³/h)	25	A(高)/mm	406
截止压力/mbar	120	B(长)/mm	547
电源电压(50～60Hz)	3×(200～240V/346～420V)	C(宽)/mm	307
功率/W	900	净重/kg	31
电源线长度/m	5	防护等级	IP23

注：1bar＝10^5Pa。

6.1.2　焊接设备维护保养

自动熔化极气体保护焊设备的正确使用和维护保养是保证焊接设备具有良好的工作性能和延长使用寿命的重要因素之一。因此，必须加强对熔化极气体保护焊设备的保养工作，维护保养项目见表 6-6。

表 6-6　熔化极气体保护焊设备维护保养项目

序号	工作项目	内容说明
1	整理清洁	清洁、擦洗焊机和送丝机外表面及各罩盖，达到内外清洁，无黄袍、无锈蚀，见本色；整理检查气管，更换损坏的气管；清洁焊机内部
		清洁送丝软管，以保证送丝顺畅
2	检查调整	检查调整送丝轮压力和间隙
		检查水路、气路各接头是否紧固
		检查清洁焊机操作面板
		检查地线夹是否损坏，保证地线连接可靠
		检查枪颈部分各连接处是否紧固
		检查焊机的正负极接头是否紧固
		检查保护气体流量和气管连接是否完好
		检查水位及水质，根据情况添加或更换蒸馏水，清洁冷却水箱
		检查整理焊接电缆和地线，线缆整齐无缠绕、无打结、无破损

6.1.3　设备常见故障及维修

熔化极气体保护焊设备的故障与维修见表 6-7。

表 6-7　熔化极气体保护焊设备的故障与维修

故障现象	产生原因	维修方法
焊接时电弧不稳定	1)保护气体纯度低 2)送丝速度调节不当 3)气体流量过小 4)焊接参数设置不正确	1)更换高纯度气体 2)调节送丝速度 3)调节气体流量 4)调节焊接参数

（续）

故障现象	产生原因	维修方法
焊枪堵丝故障	1）送丝轮压紧力不合适 2）导电嘴孔径不合适 3）飞溅堵塞导电嘴 4）送丝软管损坏	1）调节送丝轮的压紧力 2）更换导电嘴和选择合适直径的导电嘴 3）及时清理导电嘴上的飞溅 4）更换新的送丝软管
按焊枪开关，无空载电压，送丝机不转	1）外部电源不正常 2）焊枪开关断线或接触不良 3）控制变压器有故障 4）交流接触器未吸合	1）检查确认三相电源是否正常［正常值为 380（±10%）］ 2）找到断线点重新接线或更换焊枪开关 3）更换新的控制变压器 4）检查交流接触器线圈阻值，1000Ω 以下、500Ω 以上为不正常，需更换接触器
焊接电流、电压失调	1）控制器电缆有故障 2）电压调整电位器有故障 3）P 板有故障	1）用万用表检查控制器电缆是否断线或短路 2）用万用表检查电压调节电位器阻值是否按指数规律变化 3）更换 P 板

6.2　自动熔化极气体保护焊操作要领

6.2.1　焊机机头姿态调整

自动熔化极气体保护焊机头姿态调整见表 6-8。

表 6-8　自动熔化极气体保护焊机头姿态调整

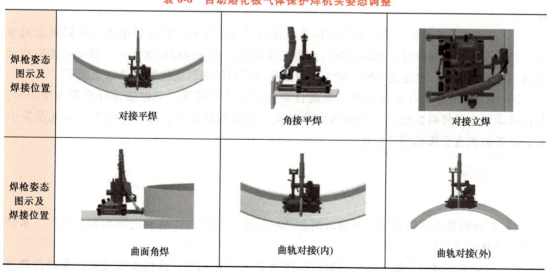

焊枪姿态图示及焊接位置	对接平焊	角接平焊	对接立焊
焊枪姿态图示及焊接位置	曲面角焊	曲轨对接(内)	曲轨对接(外)

6.2.2　引弧、接头及收弧

1. 引弧

自动熔化极气体保护焊一般采用碰撞法引弧，其操作步骤如下：

1）引弧前点动送出一段焊丝，焊丝伸出长度应小于喷嘴与焊件之间应有的距离。超长部分或焊丝端部有现熔球时，必须用尖嘴钳预先剪去，否则易出现引弧不良现象。

2）焊枪移至引弧处，调整好焊枪角度和喷嘴距离焊件的高度。引弧前保持焊丝端头与焊件有 2~3mm 的距离。喷嘴距离焊件的高度应在不影响正常观察熔池的情况下，尽可能缩短喷嘴与焊件之间的距离，以确保焊缝质量。一般应控制在 10~15mm 范围内，如图 6-8 所示。

3）按动控制开关，焊丝开始输送，焊丝碰撞焊件发生短路后便引燃电弧。

图 6-8　引弧示意图

2. 接头

在生产过程中，不可避免出现焊缝接头的连接。焊缝接头连接时，在弧坑后 8~15mm 处引弧，保持喷嘴与焊件的距离，然后正常施焊，如图 6-9 所示。

3. 收弧

由于熔化极气体保护焊使用的电流密度大，因此收弧产生的弧坑较大。采用正确的收弧方法可消除弧坑，同时可避免收弧气孔和裂纹的产生。常采用的收弧方法如下：

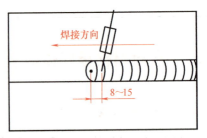

图 6-9　不摆动焊缝的连接

1）电流自动衰减法。施焊前启用焊接电流自动衰减模式，将收弧电流和收弧电压调至合适的匹配参数。施焊时，当焊接进行到焊缝尾端时，轻触焊枪控制开关，焊接电流自动衰减到正常焊接电流、电压的 50%~60%，熔池填满后再轻触焊枪控制开关结束施焊。

2）反复填充法。在未设置焊接电流自动衰减模式情况下，当焊接进行到焊缝尾端时，焊枪移动停止并将电弧熄灭。在熔池稍冷却但未凝固的情况下，再进行引弧。如此反复引弧、断弧数次直至弧坑填满为止。

6.2.3　焊接操作

1. 焊接准备

1）焊接前接头清洁要求：将坡口两侧 30mm 范围内影响焊缝质量的毛刺、油污、水锈脏物、氧化皮必须清洁干净。

2）当施工环境温度低于零度或钢材的碳当量大于 0.41%，结构刚度过大，及物件较厚时应采用焊前预热措施，预热温度为 80~100℃，预热范围为板厚的 5 倍，但不小于 100mm。

3）工件厚度大于 6mm 时，为确保焊透，在板材的对接边缘应采用开切 V 形或 X 形坡口，坡口角度为 60°，钝边为 0~1mm，装配间隙为 0~1mm；当板厚差≥4mm 时，应对较厚板材的对接边缘进行削斜处理。

4）焊前应对 CO_2 焊机送丝顺畅情况和气体流量做认真检查。

5）若使用瓶装气体应做排水提纯处理，且应检查气体压力，若低于 $9.8×10^5Pa$（$1kgf/mm^2$）应停止使用。

6）根据不同的焊接工件和焊接位置调节好焊接参数，通常的焊接参数可以用以下公式：$V=0.04I+16$（允许误差 $±1.5V$）。

式中　V——焊接电压（V）；

　　　I——焊接电流（A）。

2. 操作要点

① 垂直或倾斜位置开坡口的接头必须从下向上焊接，平焊、横焊、仰焊对接接头可采用左向焊接法。

② 室外作业在风速大于 $1m/s$ 时，应采用防风措施。

③ 必须根据被焊工件结构，选择合理的焊接顺序。

④ 对接焊缝两端应设置尺寸合适的引弧和引出板。

⑤ 应经常清理软管内的污物及喷嘴的飞溅。

⑥ 有坡口的焊缝，尤其是厚板的多道焊缝，焊丝摆动时在坡口两侧应稍做停留，锯齿形运条每层厚度不大于 $4mm$，以使焊缝熔合良好。

⑦ 根据焊丝直径正确选择焊丝导电嘴，焊丝伸出长度一般应控制在 10 倍焊丝直径的范围以内。

⑧ 送丝软管焊接时必须拉顺，不能盘曲，送丝软管半径不小于 $150mm$。施焊前应将送气软管内残存的不纯气体排出。

⑨ 导电嘴磨损后孔径增大，会引起焊接不稳定，要重新更换导电嘴。

6.2.4　焊缝表面缺陷及防止措施

自动熔化极气体保护焊焊缝表面缺陷及防止措施见表 6-9。

表 6-9　自动熔化极气体保护焊焊缝表面缺陷及防止措施

缺陷类型	产生原因	防止措施
气孔	焊接参数如焊接电流、电弧电压、速度等不合适	根据弧长调整电弧电压，在合适的电弧电压范围内使用，选择合适的焊接参数
	保护气体流量不足	测量喷嘴实际气体流量控制在 $15\sim25L/min$，根据工作条件实时调整气体流量
	外部环境风的影响	关闭门窗，焊接过程中使用隔板遮挡或防风设备，避免使用风扇
	焊前喷嘴内有飞溅堵塞	清除喷嘴堆积飞溅，选择合适的焊接条件，防止产生过多的飞溅，调整焊枪角度及喷嘴高度，减少飞溅附着
	工件表面清理不彻底，有氧化皮、铁锈、油污、油漆等	采用砂轮机、刷子等专用清理、清洗工具去除杂物
	焊枪角度、焊丝伸出长度不合适	使焊枪前倾角变小，焊丝伸出长度根据焊接条件来设定

（续）

缺陷类型	产生原因	防止措施
咬边	焊接电流过大	减小焊接电流
	焊接速度过大	降低焊接速度
	电弧电压不合适	选择合适的电弧电压或偏低的电压
	焊枪角度不当，焊丝尖端点对准不当	选择合适的焊枪角度或焊丝尖端点位置
未熔合	焊件表面不干净	除去工件表面铁锈、油污等
	焊接参数不合适	调整焊接速度、焊接电流、焊丝尖端点所对位置、焊枪角度等
塌陷	焊接速度过快	降低焊接速度
	电弧电压过高	设定合适的电弧电压
焊瘤	焊枪角度不合适	T形接头焊接时，焊枪对准角度为前倾角
	焊接电流过大	设定合适的焊接电流
	焊丝尖端点对准不当	薄板焊接时，焊丝尖端点位置在工件前 1~2mm 处

6.3 焊接接头试样制备与检验

6.3.1 焊接接头试样制备

1. 板材对接接头试件取样

去除接头两端各 25mm，在试板上取拉伸、弯曲或断裂试样 2 件，取宏观、微观试样各 1 件，此外还要增加 1 个补充采样区来满足试件的补充取样，具体板材对接接头试样选取区域如图 6-10 所示。

1）板材拉伸试样形状与尺寸：试件厚度沿着平行长度 L_c 应均衡一致，其形状如图 6-11 所示，具体尺寸要求见标准 GB/T 2651—2008。

2）板材弯曲试样形状与尺寸：弯曲试验分横弯、侧弯和纵弯三种，如图 6-12 所示，具体试样尺寸见 GB/T 2653—2008。

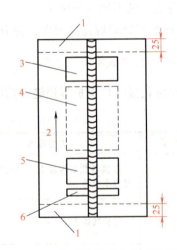

图 6-10　板材对接接头试样选取区域

1—去除 25mm　2—焊接方向　3—1 个拉伸试样、
弯曲试样取样区　4—冲击或补充试样取样区
（有要求时）　5—1 个拉伸试样、弯曲试样取样区
6—宏观、微观金相试样取样区

2. 管材对接接头试件取样

在试管上取拉伸、弯曲或断裂试样各 2 件，取宏观、微观金相试样各 1 件。此外还要增加 1 个补充采样区来满足试件的补充取样；具体管材对接接头试样选取区域如图 6-13 所示。

1）管材拉伸试样形状与尺寸：试件厚度沿着平行长度 L_c 应均衡一致，其形状如图 6-14 所示，具体尺寸要求见标准 GB/T 2651—2008。

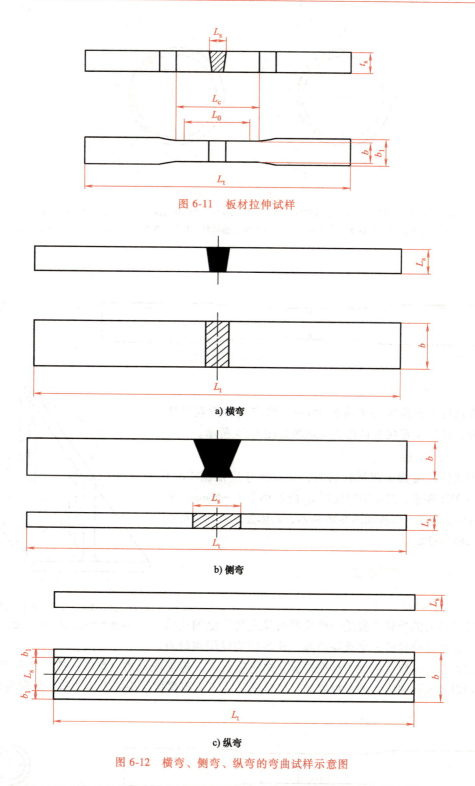

图 6-11　板材拉伸试样

a) 横弯

b) 侧弯

c) 纵弯

图 6-12　横弯、侧弯、纵弯的弯曲试样示意图

2）管材弯曲试样形状与尺寸：弯曲试验分横弯、侧弯和纵弯三种，如图 6-12 所示，具体试样尺寸见 GB/T 2653—2008。

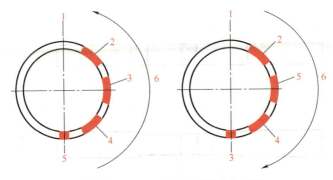

图 6-13　管材对接接头试样选取区域

1—固定管的顶端　2—1 个拉伸试样、弯曲试样取样区　3—冲击或补充试样取样区（有要求时）
4—1 个拉伸试样、弯曲试样取样区　5—1 个宏观金相试样、1 个微观金相试样取样区　6—焊接方向

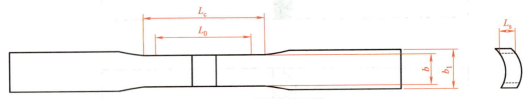

图 6-14　管材拉伸试样

3. T 形接头试件取样

在试件上去除接头两端各 25mm，取宏观、微观试样各 1 件，具体 T 形接头试样选取区域如图 6-15 所示。

4. 实心圆柱形试样取样

当试件需要加工成圆柱形时，试样尺寸应依据 GB/T 228.1—2021 要求，只是平行长度 L_s 应不小于 L_c+60mm，实心圆柱形试样加工形状如图 6-16 所示，具体加工尺寸见标准 GB/T 2651—2023。

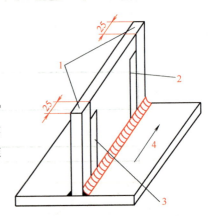

图 6-15　T 形接头试样选取区域

1—去除 25mm　2—宏观金相试样
3—微观金相试样　4—焊接方向

6.3.2　焊接接头质量检验

1. 外观检验（VT）

焊接接头的外观检验是一种简便而又应用广泛的检验方法，是产品检验的一个重要内容。外观检验以用肉眼直接观察为主，一般可借助于标准样板、焊缝检验尺、量规或低倍（5 倍）放大镜观察焊缝，以发现焊缝表面缺陷。外观检验的主要目的是为了发现焊接接头的表面缺陷，如焊缝的表面

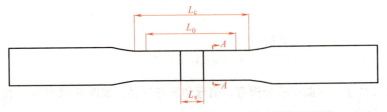

图 6-16　实心圆柱形试样

气孔、表面裂纹、咬边、焊瘤、烧穿及焊缝尺寸偏差、焊缝成形等。焊缝的外观尺寸一般采用焊缝检验尺及量规进行检验，具体检验方法如图 6-17 所示。

焊接检验尺(一)

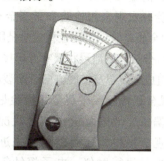

焊接检验尺(二)

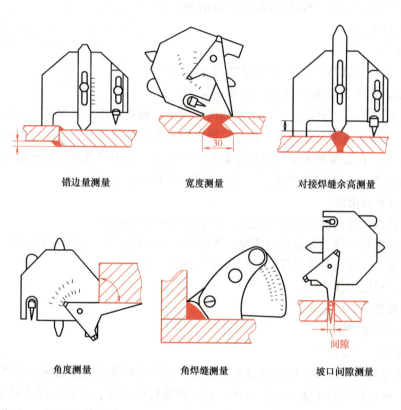

错边量测量　　　　　宽度测量　　　　　对接焊缝余高测量

角度测量　　　　　角焊缝测量　　　　　坡口间隙测量

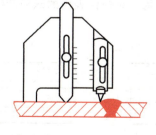

板材咬边深度测量

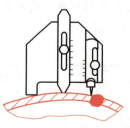

管材咬边深度测量

图 6-17　焊缝检验使用方法

2. 金相检验

焊接接头的金相检验是用来检查焊缝、热影响区和母材的金相组织情况及确定内部缺陷等。金相检验分宏观金相检验和微观金相检验两大类。

1）宏观金相检验。宏观金相检验是用肉眼或借助于低倍放大镜直接进行检查。它包括宏观组织（粗晶）分析，熔池形状尺寸、焊接接头各区域的界限和尺寸及各种焊接缺陷检查，断口分析（如断口组成、裂源及扩展方向、断裂性质等），硫、磷和氧化物的偏析程度分析等。

2）微观金相检验。微观金相检验是用 1000~1500 倍的显微镜来观察焊接接头各区域的显微组织、偏析、缺陷及析出相等状况的一种金相检验方法。微观金相检验还可以用更先进的设备（如电子显微镜、X 射线衍射仪、电子探针等）分别对组织形态、析出相和夹杂物进行分析及对断口、废品和事故、化学成分等进行分析。50 倍显微镜拍摄的焊缝微观金相如图 6-18 所示。

图 6-18　微观金相照片

3. 渗透检测（PT）

渗透检测是利用液体对固体的润湿能力和毛细作用来实现检测，先将含有染料且具有高渗透能力的液体渗透剂，涂敷到被检工件表面，由于液体的润湿作用和毛细作用，渗透液便渗入表面开口缺陷中，然后去除表面多余渗透剂，再涂一层吸附力很强的显像剂，将缺陷中的渗透剂吸附到工件表面上来，在显像剂表面呈现出缺陷的红色痕迹。由于渗透检测的灵敏度较荧光检测高，操作也较方便，应用较为广泛。渗透检测操作步骤如下：

1）预处理和预清洗。

2）渗透过程。喷或刷红色的渗透液，渗透时间一般 10min。

3）中间清洗和干燥。要避免过清洗，清洗的喷射角应平缓，千万不能直喷。

4）显像过程：喷白色的显像剂，一般时间为 10~30min。

5）观察，标记焊接缺陷。

6）对焊接缺陷进行记录。

7）最后清洗显像剂。

4. 磁粉检测（MT）

磁粉检测是利用强磁场中铁磁材料表层缺陷产生的漏磁场会吸附磁粉的现象而进行的无损检测方法。磁粉检测有干法和湿法两种。对于铁磁材质焊件，表面或近表层出现缺陷时，一旦被强磁化，就会有部分磁力线外溢形成漏磁场，对焊件表面的磁粉产生吸附，显示出缺陷痕迹，如图 6-19 所示。

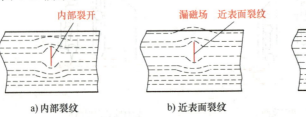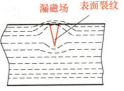

a) 内部裂纹　　　　b) 近表面裂纹　　　　c) 表面裂纹

图 6-19　焊缝缺陷示意图

5. 射线检测（RT）

射线检测是利用射线能透过物体并能使照相底片感光的性能来进行焊接检验，如图 6-20 所示。当射线通过被检验焊缝时，在缺陷处和无缺陷处被吸收的程度不同，使得射线透过接头后，射线强度的衰减有明显差异，在胶片上相应部位的感光程度也不一样，常见焊接缺陷的影像特征见表 6-10。

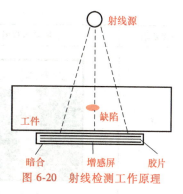

图 6-20　射线检测工作原理

6. 超声波检测（UT）

超声波检测通常采用的是脉冲反射式超声波检测仪，它是由脉冲超声波发生器（高频脉冲发生器）、声电换能器（探头）、接收放大器和显示器四大部分组成。其检测原理为：开始扫描时，高频脉冲发生器发出的电压作用于探头上的晶片，使晶片振动，产生超声波脉冲，向工件中传播时遇到底面和不同声阻抗的缺陷时，就会产生反射波。反射波被晶片接收后转变为电脉冲讯号，经放大器送至示波管，在扫描线上相应缺陷和底面位置分别显示出缺陷脉冲和底脉冲的波形，其波幅大小表示反射的强弱，如图 6-21 所示。

表 6-10　常见焊接缺陷的影像特征

焊接缺陷	缺陷示意图	缺陷影像特征
裂纹		裂纹在底片上一般呈略带曲折的黑色细条纹，有时也呈现直线细纹，轮廓较为分明，两端较为尖细，中部稍宽，很少有分支，两端黑度逐渐变浅，最后消失
未焊透		未焊透在底片上是一条断续或连续的黑色直线，在不开坡口对接焊缝中，在底片上常是宽度较均匀的黑直线状；V形坡口对接焊缝中的未焊透，在底片上位置多是偏离焊缝中心、呈断续的线状，即使是连续的也不太长，宽度不一致，黑度也不大均匀；V形、双V形坡口双面焊中的底部或中部未焊透，在底片上呈黑色较规则的线状；角焊缝的未焊透呈断续线状
气孔		气孔在底片上多呈现为圆形或椭圆形黑点，其黑度一般是中心处较大，向边缘逐渐减少；黑点分布不一致，有密集的，也有单个的

（续）

焊接缺陷	缺陷示意图	缺陷影像特征
夹渣	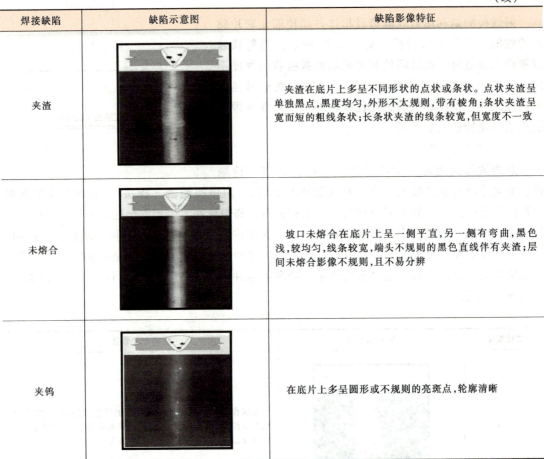	夹渣在底片上多呈不同形状的点状或条状。点状夹渣呈单独黑点，黑度均匀，外形不太规则，带有棱角；条状夹渣呈宽而短的粗线条状；长条状夹渣的线条较宽，但宽度不一致
未熔合		坡口未熔合在底片上呈一侧平直，另一侧有弯曲，黑色浅，较均匀，线条较宽，端头不规则的黑色直线伴有夹渣；层间未熔合影像不规则，且不易分辨
夹钨		在底片上多呈圆形或不规则的亮斑点，轮廓清晰

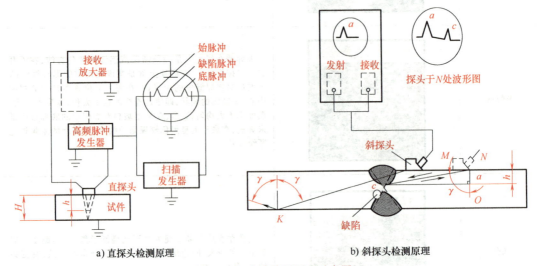

a) 直探头检测原理　　b) 斜探头检测原理

图 6-21　超声波检测原理示意图

　　1）超声波检测方法。超声波探伤方法分为脉冲反射法、穿透法和共振法三种。应用最多的是单探头式脉冲反射法。

2）常用的检测仪。常用的检测仪按照信号分有模拟信号（价格低）和数字信号（价格高，能自动计算保存数据）两类。

常用的超声波检测耦合剂有常用水、机油、化学糨糊和甘油等。

常用的超声波探头分为直探头（声波垂直入射，常呈圆柱形）和斜探头（声波倾斜入射，常呈长方体形）两类，如图6-22所示。

图6-22　超声波探头

6.4　自动熔化极气体保护焊技能训练实例

技能训练1　低碳钢板平对接自动 MAG 焊

1. 焊前准备

1）试件材料：Q235 钢板，规格为 300mm×100mm×12mm，2 件；V 形坡口，角度为 60°±5°，如图6-23所示。

2）焊接材料：ER50-6 焊丝，直径 $\phi1.2mm$；保护气体为 80%（体积分数）Ar+20%（体积分数）CO_2。

3）焊接要求：单面焊双面成形。

4）焊接设备：福尼斯 TP5000 焊机及轨道式焊接小车。

2. 装配及定位焊

1）去油污：使用清洗液喷涂在工件坡口表面，再使用棉纱将附着试件表面的油污去除。

2）去氧化层：用角磨机将两个试件坡口面及其外边缘两侧 30mm 范围内的锈蚀和氧化层清除干净，使坡口表面露出金属光泽。

3）锉钝边：用平锉修磨试件坡口钝边 0.5~1.0mm。

4）定位焊：将两试件组对成对接接头形式，采用手工气体保护焊在试件两端各 20mm 的正面坡口内进行定位焊，装配间隙始端为 2mm，终端为 3mm，焊缝长度为 10~15mm，定位焊焊缝的焊接质量应与正式焊缝保持一致，如图6-24所示。定位焊完成后，将定位焊焊缝两端修磨成"缓坡"状，利于打底层焊缝与定位焊焊缝的接头熔合良好。定位焊时应避免坡口出现错边现象，错边量为 ≤0.1δ（δ 为板厚）。

5）预置反变形：为抵消因焊缝在厚度方向上的横向不均匀收缩而产生的角变形量，试件组焊完成后，必须预设反变形量，预设反变形量为 4°~5°。在实际检测中，先将试件背面

（非坡口面）朝上，水平放置在导电良好的槽钢上，用钢直尺放在试件两侧，钢直尺中间位置至工件坡口最低处位置4~5mm，如图6-25所示。

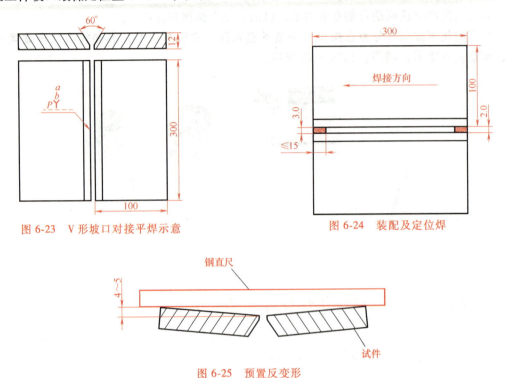

图6-23　V形坡口对接平焊示意　　　　图6-24　装配及定位焊

图6-25　预置反变形

6）将试件放置于合适位置固定，调整焊枪角度如图6-26所示。起动焊接小车预行走一遍，然后调整试件位置，保证行走过程中焊丝始终处于坡口中心线位置。

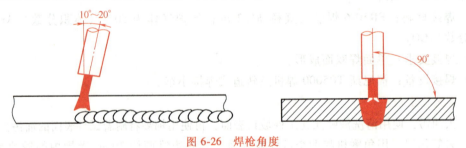

图6-26　焊枪角度

3. 焊接参数

低碳钢板平对接自动MAG焊焊接参数见表6-11。

表6-11　焊接参数

焊接层次	焊丝直径 /mm	焊丝伸出长度/mm	焊接电流 /A	电弧电压 /V	焊接速度 /(mm/min)	摆动宽度 /mm	摆动速度 /(mm/s)	气体流量 /(L/min)
打底层(1)			90~110	18~20	600	0	0	15~18
填充焊(2)	1.2	20~25	220~230	24~26	550	3~5	20~30	15~18
盖面焊(3)			230~240	24~26	500	4~6	20~30	15~18

4. 操作要点及注意事项

（1）打底层焊接

① 从试件间隙小的一端起弧焊接。在离试件右端定位焊焊缝约 20mm 远的坡口的一侧引弧，然后启动焊接开关进行焊接。

② 焊接过程中电弧始终在坡口根部，焊接时可根据间隙和熔孔直径的变化调整相关焊接参数，尽可能维持熔孔的大小，确保焊缝反面成形良好。

③ 打底焊时，要严格控制喷嘴的高度，电弧必须在坡口根部熔池的 2/3 处进行焊接，保证打底层焊透。

（2）填充层焊接

调试填充层焊接参数，在试板右端开始焊填充层，焊枪适当设置横向摆动，注意熔池两侧熔合情况，保证焊道表面平整并稍下凹，并使填充层的高度应低于母材表面 1.0~1.5mm，焊接时不允许熔化坡口棱边，如图 6-27 所示。填充层完成后，用扁铲和锤子去除焊道和坡口面的熔渣和飞溅物。

（3）盖面层焊接

焊前仔细检查填充层两侧焊缝与母材坡口死角及焊道表面是否存在缺陷，若有缺陷必须清理干净后才能进行焊接。盖面层采用锯齿形摆动运条方法焊接，焊丝摆动到坡口边缘电弧使两侧边缘各熔化 1~2mm；焊缝接头时在收弧位置后面 5~10mm 处引弧进行焊接，焊接时，控制电弧及摆动幅度，防止产生咬边。

技能训练2　铝合金薄板对接自动脉冲 MIG 焊

1. 焊前准备

1）试件材料：6005A-T6 铝合金板，规格为 300mm×100mm×3mm，数量 2 件；V 形坡口，角度为 70°±5°，具体坡口尺寸如图 6-28 所示。

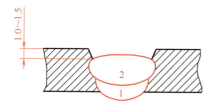
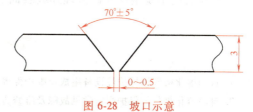

图 6-27　填充层离焊缝表面高度　　　　　　　　　图 6-28　坡口示意

2）焊接材料：ER5356 焊丝，直径 ϕ1.2mm；保护气体为 99.999%（体积分数）Ar。

3）焊接要求：自动脉冲 MIG 焊，单面焊双面成形。

4）焊接设备：Fronius 全数字化 TPS3200 焊接电源，配轨道式焊接小车。

2. 装配及定位焊

1）去油污：用异丙醇清洗铝合金板材表面油污。

2）去氧化层：用不锈钢钢丝刷打磨坡口及正反两侧不小于 25mm 范围内的表面，去除表面氧化膜。

3）定位焊：将两试件组对成对接接头形式，对接间隙≤0.5mm；采用 MIG 焊在试件两端各 20mm 的正面坡口内进行定位焊，焊缝长度为 10~15mm，定位焊焊缝的焊接质量应与正式焊缝保持一致。定位焊完成后，将定位焊焊缝两端修磨成"缓坡"状，利于焊缝与定位焊焊缝的接头熔合良好。定位焊时应避免坡口出现错边现象，错边量应≤0.3mm。

4）将试件放置于合适位置固定，调整焊枪角度如图6-29所示。调整焊枪喷嘴至启动，焊接小车预行走一遍，然后调整试件位置，保证行走过程中焊丝始终处于坡口中心线位置。

图6-29　自动脉冲MIG焊焊枪角度

3. 焊接参数

铝合金薄板对接自动脉冲MIG焊焊接参数见表6-12。

4. 操作要点及注意事项

1）使用脉冲MIG焊焊接铝合金时，其优点是在较低的基值电流上，周期性地叠加高峰值的脉冲电流，使熔滴实现稳定的喷射过渡，能显著提高铝合金的焊接质量。

2）焊枪角度在自动MIG焊过程中尤为重要，其变化显著影响着焊缝成形及焊缝表面质量，合理的焊枪角度能让焊缝成形良好、表面光亮、无发黑现象。在整个焊接过程中，焊枪角度应始终保持不变，焊缝一次焊接成形。

表6-12　焊接参数

焊接层次	焊丝直径/mm	喷嘴至试件的距离/mm	焊接电流/A	基值电流/A	电弧电压/V	焊接速度/(mm/min)	送丝速度/(mm/min)	气体流量/(L/min)
1	1.2	15~20	150~160	60	18~20	400	275	20~25

3）铝合金薄板的MIG焊焊接难度较大，焊枪高低也是焊接质量的重要影响因素。焊接时，焊枪喷嘴至试件的距离应保持在15~20mm之间，距离过高，气体保护不良，焊缝表面发黑，距离过低则会恶化焊缝成形。

4）焊后用不锈钢钢丝刷清理焊缝表面。

复习思考题

1. 自动熔化极气体保护焊设备组成及维护保养有哪些？
2. 自动熔化极气体保护焊机常见故障及维修方法有哪些？
3. 自动熔化极气体保护焊的操作要领有哪些？
4. 自动熔化极气体保护焊焊缝表面缺陷及防止措施是什么？
5. 管对接焊接拉伸试样应如何制备？
6. 常用的无损检测方法有哪些？
7. 铝合金薄板自动脉冲MIG焊的操作要点有哪些？

项目 7

自动钨极氩弧焊

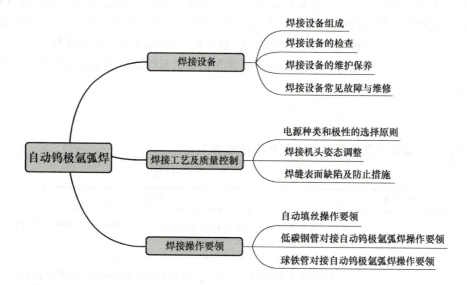

7.1　自动钨极氩弧焊设备

7.1.1　焊接设备组成

自动钨极氩弧焊设备主要由焊机、焊枪、供气系统、冷却系统、控制系统等部分组成，如图 7-1 所示。

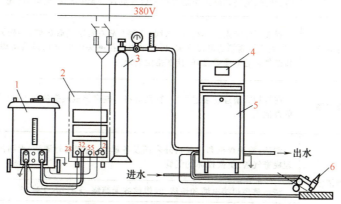

图 7-1　自动钨极氩弧焊设备示意

1—焊接电源　2—控制箱（后面）　3—氩气瓶　4—电流表　5—控制箱（前面）　6—焊枪

焊机包括焊接电源、高频振荡器、脉冲稳弧器、消除直流分量装置等。其中，高频振荡器是钨极氩弧焊设备的专门引弧装置，是在钨极和工件之间加入约 3000V 高频电压，这种焊接电源空载电压只要 65V 左右即可达到钨极与焊件非接触而引燃电弧的目的。

自动钨极氩弧焊的控制系统是通过控制线路，对供电、供气、引弧与稳弧等各个阶段的动作实现控制。

自动钨极氩弧焊的供气系统由氩气瓶、减压器、流量计和电磁阀组成。减压器用以减压和调压。流量计是用来调节和测量氩气流量的大小，有时将减压器与流量计制成一体，成为组合式。电磁阀是控制气体通断的装置。

焊枪的作用是夹持电极、导电和输送氩气流。钨极氩弧焊焊枪分为气冷式焊枪（QQ 系列）和水冷式焊枪（QS 系列）。焊枪一般由枪体、喷嘴、电极开关、电极帽、手柄和控制开关等组成。一般选用的最大焊接电流在 150A 以上时，必须通水冷却焊枪和电极。冷却水接通并有一定压力后，才能启动焊接设备，通常在钨极氩弧焊设备中用水压开关或手动来控制水流量。

7.1.2　焊接设备检查及维护保养

自动钨极氩弧焊设备检查及维护保养项目见表 7-1。

表 7-1　自动钨极氩弧焊设备检查及维护保养项目

工作分类	项目名称	内容说明
检查项目	检查水路	在检查水管无破损和管接头无滴漏的情况下，开启水阀；检查水路是否畅通，并根据焊枪型号确定水流量的大小
	检查气路	检查氩气瓶标志是否符合规定，钢瓶上是否有质量合格标签，钢瓶内是否有氩气。按规定安装好减压表，开启氩气瓶阀门，检查减压表及流量计工作是否正常，并按工艺要求，调整氩气流量。检查气管是否破有损，接头是否漏气
	检查电路	检查控制箱及焊接电源接地（或接零）是否良好。然后合上开关，打开控制箱电源开关，空载检查各部分工作是否正常；若发现异常情况，应及时通知电工检修；若无异常情况，即可进行下一步工作
	负载检查	在正式操作前，应进行负载检查。负载检查的目的是通过短时焊接，进一步检查水路、气路、电路系统工作是否正常以及空载检验中无法暴露的问题
	焊后检查	焊接工作结束后，应关闭水阀、气路（先关闭氩气瓶瓶阀，再松开减压表螺钉）、电源（先关闭控制箱的电源开关，再单手用力拉闸关闭电源），最后将焊枪连同输气、输水管和控制多芯电缆等盘好，挂在指定的地方
	清理现场	在打扫或清理现场过程中，特别应将一些废钨极残头清理干净（主要指钍钨极），以免危害他人
维护保养项目	整理清洁	清洁、擦洗焊机和送丝机外表面及各罩盖，达到内外清洁，无油污、无锈蚀，见本色；整理检查气管，更换损坏的气管
		清洁整理焊接电缆和地线，线缆整齐无缠绕、无打结、无破损
		检查清洁焊机操作面板

（续）

工作分类	项目名称	内容说明
维护保养项目	设备维护	检查地线夹是否损坏,保证地线连接可靠
		检查枪颈部分各连接处是否紧固
		检查焊机各接头是否紧固
		检查保护气体流量和气管连接是否完好
		检查水位及水质,根据情况添加或更换蒸馏水,清洁冷却水箱
		检查整理焊接电缆和地线,线缆整齐无缠绕、无打结、无破损
		检查清理焊机散热风扇

7.1.3　焊接设备常见故障及维修

自动非熔化极氩弧焊设备的故障与维修见表7-2。

表 7-2　自动非熔化极氩弧焊设备的故障与维修

故障现象	产生原因	维修方法
夹钨	1. 接触引弧 2. 钨极熔化	1. 采用高频振荡器或高压脉冲发生器引弧 2. 减小焊接电流或加大钨极直径,旋紧钨极夹头,减小钨极伸出长度 3. 调换有裂纹或撕裂的钨极
气体保护效果差	1. 保护气纯度低 2. 提前送气和滞后送气时间短 3. 气体流量过小 4. 气管破损漏气	1. 采用纯度为99.99%(体积分数)的氩气 2. 有足够的提前送气和滞后送气时间 3. 加大气体流量 4. 检修或更换破损气管
电弧不稳定	1. 焊件上有油污 2. 接头坡口间隙太窄 3. 钨极污染 4. 钨极直径过大 5. 弧长过长	1. 清理焊件 2. 加宽接头坡口间隙,缩短弧长 3. 去除污染部分钨极 4. 使用正确的钨极直径及夹头 5. 压低喷嘴与焊件表面的距离,缩短弧长
钨电极损耗过快	1. 气体保护不好,钨极氧化 2. 反极性接法 3. 夹头过热 4. 钨极直径过小 5. 停止焊接时,钨极被氧化	1. 清理喷嘴,缩短喷嘴距离,适当增加氩气流量 2. 增大钨极直径,改为正极性接法 3. 磨光钨极,更换夹头 4. 增大钨极直径 5. 增加滞后送气时间,不少于1s/10A

7.2　自动钨极氩弧焊操作要领

7.2.1　焊接机头姿态调整

自动钨极氩弧焊焊接时,焊机机头一般情况应垂直于焊缝方向,在特殊位置焊接时,可根据位置需要，对焊枪机头角度进行适当调整以实现不同位置的焊接。平焊位置机头姿态如图 7-2 所示。

7.2.2　电源种类和极性的选择

钨极氩弧焊可以使用直流电，也可以使用交流电，电流种类和极性可根据焊件材质进行选择。钨极氩弧焊时各种材料的电源种类和极性的选择见表 7-3。

图 7-2　平焊位置机头姿态

表 7-3　电源种类和极性的选择

电源种类和极性	特点	被焊金属材料
直流正接	钨极为正极，焊件为负极，电弧阳极区温度高于阴极区温度，使接正极的钨棒容易过热而烧损，许用电流小，同时焊件上产生的热量不多，因而焊缝厚度较浅，焊接生产率低，所以很少采用	低碳钢、低合金钢、不锈钢、耐热钢、铜、钛及其合金
直流反接	钨极为负极，焊件为正极，电弧在焊件阳极区产生的热量大于钨极阴极区，致使焊件的焊缝厚度增加，焊接生产率高。而且钨极不易过热与烧损，使钨极的许用电流增大，电子发射能力增强，电弧燃烧稳定性比直流正接时好。但焊件表面是受到比正离子质量小得多的电子撞击，不能去除氧化膜，因此没有"阴极破碎"作用，故适合于焊接表面无致密氧化膜的金属材料	适用于各种金属的熔化极氩弧焊，钨极氩弧焊很少采用
交流电源	由于交流电极性是不断变化的，这样在交流正极性的半周波中（钨极为负极），钨极可以得到冷却，以减小烧损。而在交流负极性的半周波中（焊件为负极）有"阴极破碎"作用，可以清除熔池表面的氧化膜。因此，交流钨极氩弧焊兼有直流钨极氩弧焊正、反接的优点，是焊接铝、镁及其合金的最佳方法	铝、镁及其合金

7.2.3　自动钨极氩弧焊填丝要领

自动钨极氩弧焊是通过将不带电的焊丝送入熔池自动添加熔滴来进行的，焊丝与钨极始终应保持适当距离，避免碰撞情况发生。焊接时，应根据具体情况设置好焊丝进给熔池的速度，这对于控制熔透程度、掌握熔池大小、防止烧穿等带来很大便利。

（1）填丝的基本操作技术

1）连续填丝法。焊接时，通过送丝系统将焊丝匀速送入熔池区。连续填丝对氩气保护层的扰动较小，焊接质量较好，多用于填充量较大的焊接。

2）特殊填丝法。焊前选择直径大于坡口根部间隙的焊丝弯成弧形，并将焊丝贴紧坡口根部间隙，焊接时，焊丝和坡口钝边同时熔化形成打底层焊缝。

（2）填丝操作要点

1）填丝时注意调整焊丝与焊件表面呈 15°~20° 夹角，焊丝准确地送达熔池前沿，形成的熔滴被熔池"吸入"。

2）填丝时，填丝速度要均匀，同时仔细观察焊接区的金属是否达到熔化状态。填丝过快，焊缝熔敷金属加厚；填丝过慢，产生下凹或咬边缺陷。

3）填丝时，不要把焊丝直接置于电弧下面，而且不宜抬得过高。过高，会导致熔滴向熔池"滴渡"状况发生，同时会出现成形不良的焊缝。填丝位置的正确与否如图7-3所示。

4）坡口根部间隙大于焊丝直径时，焊丝应与焊件电弧同步设置横向摆动，送丝速度与焊件速度应一致。

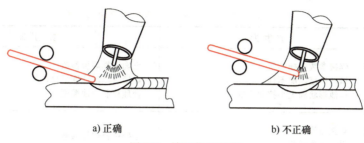

a) 正确　　　　　　　　　　　b) 不正确

图 7-3　填丝位置示意

5）填丝时，若发生焊丝与钨极相碰，发生短路，会造成焊缝被污染和夹钨。此时应立即停止焊接，用硬质合金旋转锉或砂轮修磨掉被污染的焊缝金属，直至修磨出金属光泽。被污染的钨极应重新修磨后方可继续焊接。

6）回撤焊丝时，不要让焊丝端头暴露在氩气保护区之外，以避免热态的焊丝端头被氧化。若将被氧化的焊丝端头送入熔池，会造成氧化物夹渣或产生气孔缺陷。

（3）**自动钨极氩弧焊焊缝接头**　自动钨极氩弧焊过程中，当更换焊丝或暂停后重新焊接时，需要接头。接头前，应先检查接头熄弧处弧坑质量。如果无氧化物等缺陷，则可直接进行接头焊接。如果有缺陷，则必须将缺陷修磨掉，并将其前端打磨成斜面，然后在弧坑右侧15~20mm处引弧，缓慢向左移动，待弧坑处开始熔化形成熔池和熔孔后，再填丝焊接。

（4）**自动钨极氩弧焊焊枪摆动**　自动钨极氩弧焊的焊枪运行基本动作包括：焊枪钨极与焊件之间保持一定间隙；焊枪钨极沿焊缝轴线方向纵向移动和横向移动。在焊接生产实践中，操作者可以根据金属材料类型、焊接接头形式、焊接位置、装配间隙、焊丝直径及焊接参数等因素的不同，合理地设置不同的焊枪摆动方式。自动钨极氩弧焊的焊枪摆动方式及适用范围见表7-4。

表 7-4　焊枪摆动方式及适用范围

摆动方式及示意图	特点	适用范围
直线形	焊接时，钨极应保持合适的高度，焊枪不做横向摆动，沿焊接方向匀速直线移动	适用于薄板的I形坡口对接、T形接头；多层多道焊缝的打底层焊接
锯齿形	焊接时，焊枪钨极沿焊接方向做锯齿形连续摆动，摆动到焊缝两侧时，应做稍停顿，停顿时间应根据实际情况而定，防止焊缝出现咬边缺陷	适用于全位置的对接接头和立焊的T形接头
月牙形	焊接时，喷嘴在坡口内从右坡口面侧旋滚到左坡口面，再由左坡口面侧旋滚到右坡口面，如此循环往复的向前移动，利用电弧加热熔化焊丝及坡口钝边来完成焊接	适用于壁厚较大的全位置对接接头和T形接头

7.3 焊缝表面缺陷及防止措施

自动钨极氩弧焊焊缝表面缺陷及防止措施见表7-5。

表7-5 自动钨极氩弧焊焊缝表面缺陷及防止措施

缺陷类型	产生原因	防止措施
几何形状不符合要求	焊接参数选择不当 填丝速度匹配不佳 熔池形状和大小控制不准	正确选择焊接参数 焊接时填丝速度平稳均匀 合理控制熔池温度
未焊透和未熔合	焊接电流太小 焊接速度过快 坡口间隙偏小、钝边太厚、角度过小 电弧过长或电弧偏离坡口一侧 焊前清理不彻底 焊丝、焊枪和工件间位置不正确	正确选择焊接参数 选择适当的坡口形式和装配尺寸 选择合适的垫板沟槽尺寸 焊接时平稳均匀 合理控制熔池温度
焊穿	焊接电流过大 焊接速度太慢 坡口间隙过大、钝边太薄 垫板不合适	正确选择焊接参数 选择适当的坡口形式和装配尺寸 选择合适的垫板沟槽尺寸 焊接时平稳均匀 合理控制熔池温度
裂纹	焊后冷却速度过快 焊接顺序不合理 焊接材料选择不当 焊前清理不彻底 坡口角度不合理	限制焊缝中的扩散氢含量 降低冷却速度和减少高温停留时间以改善焊缝和热影响区的组织结构 采用合理的焊接顺序减小焊接应力 选用合适的焊丝和工艺参数减小过热和晶粒长大倾向 采用正确的收弧方法填满弧坑 严格焊前清理 采用合理的坡口形式以减小熔合比
气孔	焊丝焊件表面的油污、氧化皮未清理干净，保护气体不纯或熔池在高温下氧化 保护气体流量不匹配 焊枪与焊件距离过大	焊丝和焊件应清洁并干燥 保护气体应符合标准要求 送丝匀速，熔滴过渡要快、准 焊枪行走平稳，防止熔池过热沸腾 焊丝、焊枪、焊件间保持合适的相对位置和焊接速度
夹渣和夹钨	焊前清理不彻底 焊丝熔化端严重氧化	焊前保证焊件焊接区域清理到位 焊丝熔化端始终处于保护区内,保护效果要好 选择合适的钨极直径和焊接参数 正确修磨钨极端部尖角 当发生打钨时,必须重新修磨钨极
咬边	焊接电流过大 焊枪角度不正确 填丝过慢或过快 钝边和坡口面熔化过深使熔化焊缝金属难于填充满	选择的工艺参数要合适 严格控制熔池的形状和大小,熔池要饱满 焊接速度要合适,填丝要及时,位置要准确

（续）

缺陷类型	产生原因	防止措施
焊缝过烧和氧化	焊前清理不彻底 气体的保护效果差,如气体不纯,流量小等 由于电流大、焊速不均匀、填丝不畅等原因导致熔池温度过高 钨极伸出长度过大,电弧长度过大 钨极和喷嘴不同心等	选择的工艺参数要合适 严格控制熔池的形状和大小,熔池要饱满 焊接速度要合适,填丝要及时,位置要准确

7.4　自动钨极氩弧焊技能训练实例

技能训练1　低碳钢管对接全位置自动钨极氩弧焊

1. 焊前准备

1）试件材料：20 无缝钢管，ϕ90mm×4.5mm，数量 2 件，U 形坡口，具体坡口形状尺寸如图 7-4 所示。

2）焊接材料：ER50-6 焊丝，直径 ϕ0.8mm；保护气体为 99.99%（体积分数）Ar；钨极采用直径 ϕ2.4mm 铈钨极。

3）焊接要求：全位置自动 TIG 焊，单面焊双面成形。

4）焊接设备：宝利苏迪 PS406 逆变直流脉冲焊接电源，配 MUIV42/128 开放式焊接机头。

2. 装配定位焊

1）焊前清理：打磨坡口及内外两侧不小于 20mm 范围内的表面，直至露出金属光泽。

2）坡口加工及装配：采用 U 形坡口，坡口加工如图 7-4 所示，具体尺寸和精度见表 7-6。坡口采用车床或坡口机加工，加工要求：加工表面不能有裂纹、分层、夹渣等缺陷。装配时不留间隙，错变量≤0.5mm。

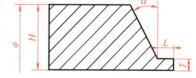

图 7-4　坡口加工示意图

3）定位焊：定位焊采用手工钨极氩弧焊，不填丝，不允许焊透，点数 3～4 点，均匀分布，焊点长度 5～10mm，并保证正式焊接时不开裂。定位焊后采用砂轮机打磨焊点，保证自动 TIG 焊打底时能够熔透定位焊点。

表 7-6　坡口尺寸

管外径 ϕ/mm	管壁厚 H/mm	钝边厚 T/mm	钝边长 L/mm	坡口面角度 α(°)	装配间隙 b/mm
90.0	4.5	1.25±0.1	2.0±0.1	30±1	0

4）检查喷嘴尺寸是否合适，管径 ϕ90mm×4.5mm，选用直径 ϕ8mm 喷嘴。

5）检查钨极尺寸及形状是否合适，钨极直径 ϕ2.4mm，长度 30～35mm，端部打磨成圆锥状，圆锥角度 30°。

6）将装配好的管道固定。

7）将焊机机头预缠绕一圈，以保证焊接过程中的旋转功能。

8）手动或采用钨极自动对中功能，调节钨极到试件坡口的正中间位置。

9）检查钨极是否可以摆动到坡口两侧。

10）检查焊丝是否在钨极正下方位置，钨极长度、焊丝与钨极的距离、夹角、钨丝与工件的距离等参数设置如图7-5所示和见表7-7。

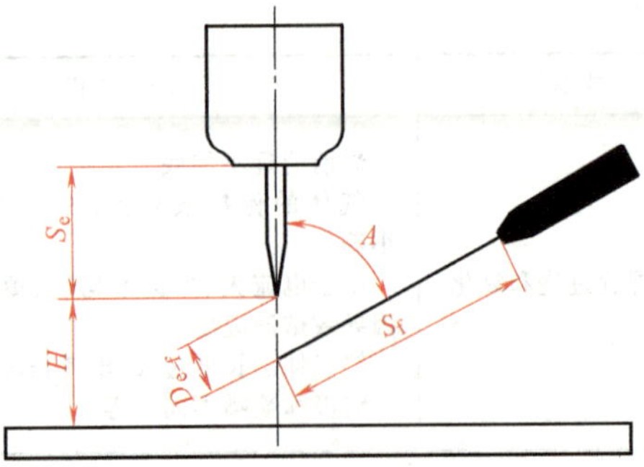

图7-5 钨极与焊丝焊前设置示意图

3. 焊接参数

低碳钢管对接全位置自动钨极氩弧焊焊接参数见表7-8。

表7-7 装配参数设置

钨极伸出长度 S_e/mm	钨极尖端到焊丝的距离 $D_{e \sim f}$/mm	焊丝伸出长度 S_f/mm	钨极到焊缝的距离 H/mm	钨极与焊枪夹角 A(°)
6~10	2~2.5	8~10	2.5~2.8	70~75

表7-8 焊接参数

焊接层次	控制轴	电流				旋转速度/(mm/min)	送丝速度/(mm/min)	电弧电压高度/mm	摆动速度/(mm/min)
		脉冲电流/A	脉冲时间/ms	基值电流/A	基值时间/ms				
打底层	1	132		58			560	7.6	—
	2	130		58			550	7.5	
	3	130		58			540	7.4	
	4	128		60			520	7.3	
	5	128		60			510	7.2	
	6	122	100	62	300	70	510	7.1	
	7	120		62			520	7.1	
	8	119		60			530	7.2	
	9	117		60			540	7.2	
	10	115		59			560	7.3	
	11	113		59			560	7.3	
	12	110		59			560	7.4	
填充层	1	118		60			630	7.8	
	2	117		60			620	7.7	
	3	116		60			610	7.6	
	4	116	200	60	200	60	580	7.5	800
	5	115		60			560	7.4	
	6	114		60			540	7.3	
	7	114		60			530	7.3	

（续）

| 焊接层次 | 控制轴 | 电流 | | | | 旋转速度/(mm/min) | 送丝速度/(mm/min) | 电弧电压高度/mm | 摆动速度/(mm/min) |
		脉冲电流/A	脉冲时间/ms	基值电流/A	基值时间/ms				
填充层	8	113		60			570	7.4	
	9	112		60			610	7.5	
	10	100	200	60	200	60	610	7.5	800
	11	109		60			620	7.6	
	12	108		60			630	7.7	
盖面层	1	116		62			630	7.8	
	2	115		62			620	7.8	
	3	114		62			610	7.7	
	4	113		62			610	7.7	
	5	112		62			600	7.6	
	6	110	200	62	200	60	590	7.6	850
	7	110		62			590	7.6	
	8	108		62			590	7.6	
	9	108		62			610	7.7	
	10	108		62			620	7.7	
	11	106		62			620	7.8	
	12	104		62			630	7.8	

4. 操作要点及注意事项

1）焊接时，管内充填≥99.99%（体积分数）保护气氩气，提前4s送气，气体流量12L/min，使管内氧气的质量浓度不大于0.05%，内保护气的充填不仅使内壁焊缝成形良好，而且内保护气体的承托力可避免和减少焊缝背面成形出现的过度内凸现象。焊接结束后滞后5s停止送气。

2）把整圈焊缝分成12个区间，平均每30°为一个区间，使每个分区的焊缝受力更加趋于一致，焊接参数波动范围小，减少焊接过程中人工调节量，焊接参数分区如图7-6所示。

3）由于碳钢熔化状态下的流动性比不锈钢好，当仰焊位置的电弧吹力小于重力和表面张力合力的

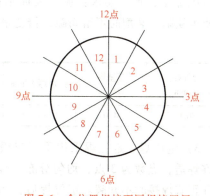

图7-6　全位置焊接不同焊接区间
注：1、12区间属于平焊位区间；2~5区间属于下坡焊区间；6~7区间属于仰焊区间；8~11属于上坡焊区间；焊接起始位置在12点。

时候，焊缝内表面容易出现内凹的现象。为了防止出现内凹缺陷，碳钢管道打底焊接时一般采用脉冲电流焊接，不采用直流焊接。脉冲TIG焊和普通TIG焊的主要区别在于它采用低频调制的直流或交流脉冲电流加热工件，电流的幅值（或交流电流的有效值）按一定频率周期性变化。当每一次脉冲电流通过时，焊件上就形成一个点状熔池，脉冲电流停止时，点状熔池即冷凝。此时电弧由基值电流维持稳定燃烧，使下一次脉冲电流导通时，脉冲电弧能可靠地燃

烧，又形成一个新的焊点。只要合理调节脉冲间隙时间和适当的焊枪移动速度，保证相邻两焊点间有一定相互重叠量，就可以获得一条致密的焊缝。另外，在保证根部焊透及熔合良好的情况下，应采用短电弧、快焊速等措施减小热输入和熔池面积。主要焊接参数见表7-8。

4）焊后检验。依照《钢制压力容器焊接工艺评定》JB 4708—2000对焊缝进行焊后检验，结果如下：焊缝宽度10~11mm，焊缝高度0.7~0.8mm，无裂纹、未焊透、夹渣、咬边、气孔等缺陷。

技能训练2　球墨铸铁管对接全位置自动钨极氩弧焊

1. 焊前准备

1）试件材料：QT9002无缝钢管，$\phi 50\text{mm} \times 4\text{mm}$，数量2件，U形坡口，具体坡口形状尺寸如图7-7所示。

2）焊接材料：CHW62-B3焊丝，直径$\phi 0.8\text{mm}$；保护气体为99.99%（体积分数）Ar；钨极采用直径$\phi 2.4\text{mm}$铈钨极。

3）焊接要求：全位置自动TIG焊，单面焊双面成形。

4）焊接设备：宝利苏迪PS406逆变直流脉冲焊接电源，配MUIV80开放式焊接机头。

2. 装配定位焊

1）焊前清理：打磨坡口及内外两侧不小于20mm范围内的表面，露出金属光泽。

2）坡口加工及装配：采用U形坡口，坡口加工如图7-7所示，具体尺寸和精度见表7-9。坡口采用车床或坡口机加工，加工要求：加工表面不能有裂纹、分层、夹渣等缺陷。装配时不留间隙，错变量≤0.4mm。

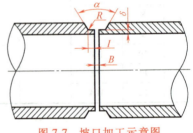

图7-7　坡口加工示意图

表7-9　坡口尺寸

管外径 ϕ/mm	管壁厚 H/mm	钝边厚 δ/mm	钝边长 I/mm	坡口角度 α（°）	装配间隙 B/mm	过渡圆弧半径 R/mm
50.0	4.0	1.5~1.8	1.0~1.5	60±2	0~0.5	1.0~1.2

3）定位焊：定位焊采用手工钨极氩弧焊，不填丝，不允许焊透，点数为3点，均匀分布，焊点长度5~10mm，并保证正式焊接时不开裂。定位焊后采用砂轮机打磨焊点，保证自动TIG焊打底时能够熔透定位焊点。

4）将管-管对接全自动焊接机头MUIV80装夹在连续管管体焊口侧，使焊枪正对焊缝并垂直管体切线，调节送丝位置使送丝管与焊枪的夹角A为55°±5°，使送出的焊丝贴在钨极正下方的焊缝中心，然后按照图7-8及表7-10所示尺寸调整钨极伸出长度S_e、钨极至焊缝的距离H、焊丝伸出长度S_f。

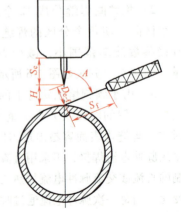

3. 焊接参数

球墨铸铁管对接全位置自动钨极氩弧焊焊接参数见表7-11。　图7-8　钨极与焊丝焊前设置示意图

表 7-10　装配参数设置

钨极伸出长度 S_e/mm	钨极尖端到焊丝的距离 D_{e-f}/mm	焊丝伸出长度 S_f/mm	钨极到焊缝的距离 H/mm	钨极与焊枪夹角 A(°)
4~6	2.3~2.7	13~17	3.0~4.0	50~60

表 7-11　焊接参数

焊接层次		焊枪摆动参数			焊接电流		电弧电压 /V	送丝速度 /(mm/min)	旋转速度 /(mm/min)
		焊接速度 /(mm/min)	摆动宽度 /mm	摆动边缘停留时间/s	基值电流/A	峰值电流/A			
未分区间	打底层	—	—	—	40	131	8.5	—	80
分区间	0° 填充层	700	2.1	0.3	40	124	8.5	675	65
	110° 填充层	700	2.1	0.3	40	121	8.5	675	65
	230° 填充层	700	2.1	0.3	40	127	8.5	675	65
	0° 盖面层	840	6.0	0.3	50	105	9.2	665	50
	110° 盖面层	840	6.0	0.3	50	104	9.2	665	50
	230° 盖面层	840	6.0	0.3	50	95	9.2	665	50

4. 操作要点及注意事项

1）充填保护气。焊接时，管内充填≥99.99%（体积分数）保护气氩气，提前4s送气，气体流量12L/min，使管内氧气的质量浓度不大于0.05%，内保护气的充填不仅使内壁焊缝成形良好，而且内保护气体的承托力可避免和减少焊缝背面成形出现的过度内凸现象。焊接结束后滞后5s停止送气。

2）打底层。打底焊时不填丝，焊枪不摆动，在整个环缝焊接过程中焊接参数始终保持不变，一次焊接成形。

3）填充层和盖面层。填充焊和盖面焊一样，每层焊道分3个区间进行焊接，每个区间焊接参数各不相同，起弧位置分别为相当于时钟面的6点位置、12点位置和6点位置，收弧搭接量为3°~5°，焊接参数见表7-11。

复习思考题

1. 自动钨极氩弧焊设备组成及维护保养措施有哪些？
2. 自动钨极氩弧焊设备常见故障及维修方法有哪些？
3. 自动钨极氩弧焊时电源种类和极性的选择原则是什么？
4. 自动钨极氩弧焊的填丝操作要领有哪些？
5. 自动钨极氩弧焊焊缝表面缺陷及防止措施是什么？
6. 管对接全位置自动钨极氩弧焊时坡口如何制备？
7. 管对接全位置自动钨极氩弧焊时机头装夹尺寸如何设置？

项目8

自动埋弧焊

```
                                      自动埋弧焊设备组成
                        自动埋弧焊设备      焊机的性能特点
                                      设备常见故障及维修

                                      夹紧机构的分类和使用方法
     自动埋弧焊          工装夹具         焊接变位机械的分类和作用
                                      环焊缝焊接时焊接操作机的使用

                                      窄间隙埋弧焊操作要领
                                      双面自动埋弧焊操作要领
                        焊接操作要领      单面加垫板自动埋弧焊操作要领
                                      焊缝表面缺陷及防止措施
```

8.1 自动埋弧焊设备

8.1.1 焊接设备组成

自动埋弧焊设备由自动机头及焊接电源两部分组成，自动机头如图8-1所示。

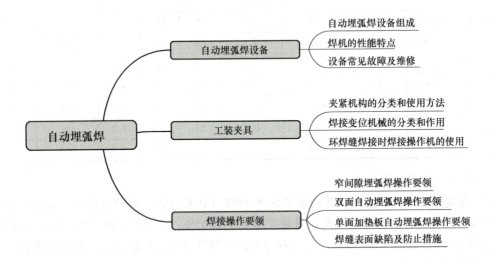

图8-1 自动埋弧焊设备自动机头

1）自动机头：由焊车及支架、送丝机构、焊丝矫直机构、导电部分、焊接操作控制盒、焊丝盘、焊剂斗等部件组成。

2）焊接电源（焊接变压器）：交流焊接电源，由同体的二相降压变压器及电抗器、冷却风扇、调节电抗器用的电动机及减速箱、控制电动机正反转的控制变压器及交流接触器、按钮以及给自动机头提供电源的控制变压器等组成。控制线通过电源上的 14 芯插座与外界相连，遥控盒与电源上的 4 芯插座相连，实现远距离电流调节，电源上还有近控的电流增加、减少按钮，也可实现电流调节，电流大小可通过电源顶部的电流指示窗指示。

8.1.2　埋弧焊机性能特点

1）热效率高，熔深大，焊接速度快，焊接效果好，成形美观，劳动强度低。

2）使用寿命提高。埋弧焊小车采用无触点控制电路，电动机起动、换向可靠，使寿命显著提高。

3）电弧柔和稳定，可靠性好。晶闸管式直流弧焊电源，具有电网电压波动补偿功能及抗干扰功能。

4）适用范围广。电流调节范围宽，可适合多种板厚的焊接。

5）使用更安全。内置过热、电压异常保护电路。

8.1.3　焊接设备常见故障维修

由于自动埋弧设备在焊接性能和工作效率方面较普通焊机有较大优势，因而成了钢结构件制造过程中必不可少的生产设备。自动埋弧焊机普遍存在结构复杂，参数不易调整、故障点分散等特点，使得它的维护修理工作变得困难，表 8-1 列举了自动埋弧焊机在使用过程中常见故障维修的基本知识，包括故障产生的原因及排除方法。

表 8-1　自动埋弧焊机常见故障及排除方法

故障特征	产生原因	排除方法
按焊丝向下或向上按钮时，送丝电动机不旋转	1. 送丝电动机有故障 2. 电动机电源线接点断开或损坏	1. 修理送丝电动机 2. 检查电源线路接点并修复
按启动按钮后，不见电弧产生，焊丝将机头顶起	焊丝与焊件没有导电接触	清理接触部分
按启动按钮，线路工作正常，但无法引弧	1. 焊接电源未接通 2. 电源接触器接触不良 3. 焊丝与焊件接触不良 4. 焊接回路无电压	1. 接通焊接电源 2. 检查并修复接触器 3. 清理焊丝与焊件的接触点
启动后，焊丝一直向上	1. 机头上电弧电压反馈引线未接或断开 2. 焊接电源未启动	1. 接好引线 2. 启动焊接电源
启动后焊丝粘住焊件	1. 焊丝与焊件接触太紧 2. 焊接电压太低或焊接电流太小	1. 保证接触可靠，但不要太紧 2. 调整电流、电压至合适值
线路工作正常，焊接参数正确，但焊丝送给不均，电弧不稳	1. 焊丝给送压紧轮磨损或压得太松 2. 焊丝被卡住 3. 焊丝给送机构有故障 4. 网络电压波动太大 5. 导电嘴导电不良，焊丝有脏物	1. 调整压紧轮或更换焊丝给送滚轮 2. 清理焊丝，使其顺畅进给 3. 检查并修复送丝机构 4. 使用专用焊机线路，保持网络电压稳定 5. 更换导电嘴，清理焊丝上的脏物

（续）

故障特征	产生原因	排除方法
启动小车不活动,在焊接过程中小车突然停止	1. 离合器未接上 2. 行车速度旋钮在最小位置 3. 空载焊接开关在空载位置	1. 合上离合器 2. 将行车速度调到需要位置 3. 开关拨到焊接位置
焊丝没有与焊件接触,焊接回路即带电	焊接小车与焊件之间绝缘不良或损坏	1. 检查小车车轮绝缘情况 2. 检查焊接小车下面是否有金属与焊件短路
焊接过程中机头或导电嘴的位置不时改变	焊件小车有关部件间隙大或机件磨损	1. 进行修理达到适当间隙 2. 更换磨损件
焊机启动后,焊丝周期性的与焊件粘住或常常断弧	1. 粘住是由于电弧电压太低、焊接电流太小或网络电压太低所致 2. 常断弧是由于电弧电压太高,焊接电流太大或网络电压太高所致	1. 增加或减小电弧电压和焊接电流 2. 等电网电压正常后再进行焊接
导电嘴以下焊丝发红	1. 导电嘴导电不良 2. 焊丝伸出长度太长	1. 更换导电嘴 2. 调节焊丝至合适伸出长度
导电嘴末端熔化	1. 焊丝伸出太短 2. 焊接电流太大或焊接电压太高 3. 引弧时焊丝与焊件接触太紧	1. 增加焊丝伸出长度 2. 调节合适的工艺参数 3. 使焊丝与焊件接触可靠但不要太紧

8.2　焊接工装夹具

（1）**工装夹具的分类、组成及作用**　根据生产的实际需要,焊接工装夹具可以分为装配夹具、焊接夹具和装焊夹具。焊接工装夹具按动力源分为手动夹具、气动夹具、液压夹具、磁力夹具、真空夹具和电动夹具六类。

一个完整的夹具是由定位器、夹紧机构、夹具体三部分组成。夹具体是根据工件的结构形式专门设计的,夹紧机构及定位器多是通用的。合适的焊接工装夹具可以缩短装配、焊接的工时,减轻工人的劳动强度,提高劳动生产效率,保证产品的装配精度和焊接质量,还可以充分发挥焊接设备的潜力,扩大其使用范围,有利于实现焊接作业的综合机械化和自动化。

（2）**夹紧机构**　在装焊作业中,使工件一直保持确定位置的各种机构称为夹紧机构。夹紧机构按动力源分有手动、气动、液压、磁力、真空、电动共六类,应用较多的是手动和气动。

1）手动夹紧机构。手动夹紧机构是通过手柄靠人工操作夹紧的,它结构简单,具有自锁和扩力性能,但工作效率低,劳动强度大,适用于单件、小批生产。手动螺旋夹紧器如图8-2所示。

2）气动及液压夹紧机构。气动夹紧机构是利用压缩空气推动气缸动作以实现夹紧作用的机构。图8-3所示是气缸直接作用于夹紧工作机构;图8-4所示是气缸通过杠杆来实现夹紧作用,在装焊生产线上应用较多。

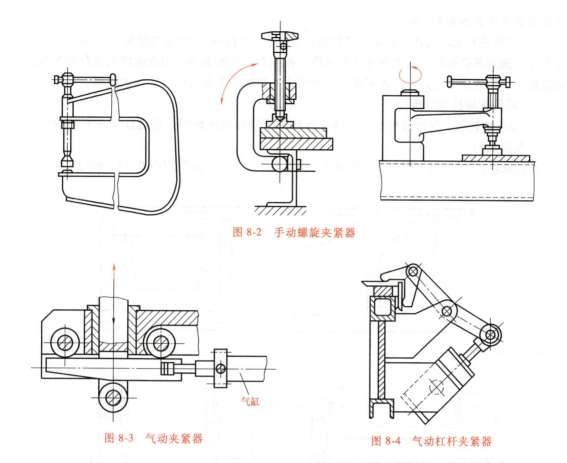

图 8-2　手动螺旋夹紧器

图 8-3　气动夹紧器

图 8-4　气动杠杆夹紧器

液压夹紧机构是利用液压油推动液压缸动作以实现夹紧作用的机构。液压夹紧机构的功能与气动相似，它可获得很大的夹紧力，一般比同结构的气动夹紧机构大十几倍甚至几十倍。液压夹紧机构动作平稳、耐冲击，结构尺寸可做得很小，常用在要求夹紧力很大而空间尺寸又受限制的地方。

（3）专用夹具　专用夹具是在专用夹具体上，由多个多种定位器和夹紧机构组合而成、有专门用途的夹紧装置。夹具体的形式、定位器以及夹紧机构的选择和布置都是根据工件的形状、尺寸、定位夹紧要求以及焊接工艺决定的。专用夹具不仅要满足装焊工艺的要求，还应满足形位公差的要求，同时要与生产率相匹配。

（4）焊接变位机械　焊接变位机械是指改变工件、焊机或焊工位置来完成机械化、自动化焊接的各种机械装置。使用焊接变位机械可缩短焊接辅助时间，提高劳动生产效率，减轻工人的劳动强度，改善焊接质量并可充分发挥各种焊接方法的效能。焊接变位机械可分为工件变位机械、焊机变位机械和焊工变位机械三大类。

工件变位机械有焊接变位机、焊接滚轮架、焊接回转台和焊接翻转机。

1）焊接变位机。使用焊接变位机的目的是使工件达到最佳焊接工艺位置。它依靠各种动力源实现正反向回转，并可无级调速，可保持在最大承载条件下转速波动在 ±5% 之内。变位机能自动倾斜而不抖动、倾覆，并有限位、自锁功能。变位机设有导电装置，以免焊接电流通过轴承、齿轮等传动部位。它是焊接各种轴类、盘类、筒体等回转体零件的理想设备。

变位机的外观如图 8-5 所示。

2）焊接滚轮架。筒体或需要工件回转的焊接结构的焊接，需用焊接滚轮架来实现。滚轮架分长轴式滚轮架和组合式滚轮架两大类。按组合滚轮的类别，组合滚轮架可分为基本式滚轮架、交换式滚轮架、自调式滚轮架、可调中心高滚轮架和可偏转轴线滚轮架五种。

3）焊接翻转机和回转台。

① 焊接翻转机。焊接翻转机是指将工件绕水平轴转动或倾斜，使之处于有利装焊位置的工件变位机械。

焊接翻转机种类较多，常见的有框架式、头尾架式、链式、推举式等翻转机，如图 8-6 所示。

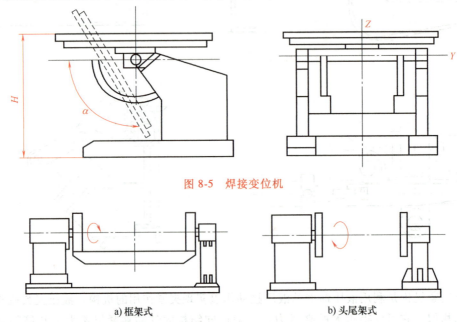

图 8-5　焊接变位机

a) 框架式　　　　　　　　　　　　　b) 头尾架式

图 8-6　焊接翻转机

配合焊接机器人使用的数控翻转机，都是点位控制、恒速翻转、定程器操作，它与焊接机器人按程序协调操作。

② 焊接回转台。焊接回转台是指将工件绕垂直轴或倾斜轴回转的工件变位机械，主要用于回转体工件的焊接、堆焊与切割。

（5）焊接操作机　焊接操作机是指将焊接机头准确地送到并保持在待焊位置或以选定的焊速沿规定的轨迹移动焊接机头的焊接变位机械。其结构形式有平台式操作机、悬臂式操作机、折臂式操作机、伸缩臂式操作机、门式操作机、桥式操作机和台式操作机。

1）平台式操作机。焊机放置在平台上，可在平台上移动，平台安装在立架上，能沿立架升降，立架坐落在台车上，可沿轨道运行。主要用于外环缝、外纵缝的焊接，如图 8-7 所示。

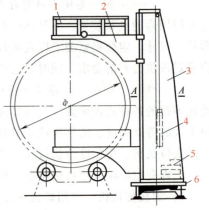

图 8-7　平台式操作机

1—焊机或机头　2—平台　3—立架
4—配重　5—配重铁　6—台车

2）伸缩臂式操作机。焊接机头通过调整机构安装在伸缩臂的一端，调整机构是伸缩臂式焊接操作机的重要组成部分，可实现焊接过程的焊缝自动对中和焊丝伸出长度的自动调整。

8.3 自动埋弧焊操作要领

8.3.1 多丝窄间隙自动埋弧焊操作要领

1）多电源多丝、窄间隙自动埋弧焊焊接操作要领。多电源多丝、窄间隙自动埋弧焊中每一根焊丝由一个电源独立供电，根据两根或多根焊丝间距的不同，其方法有共熔池法和分离电弧法两种，前者特别适合焊丝掺合金堆焊或焊接合金钢；后者能起前弧预热，后弧填丝及后热作用，以达到堆焊或焊接合金不出裂纹和改善接头性能的目的。在多丝埋弧焊中多用后一种方法，如图8-8所示。每根焊丝都有几种选择的可能：或一根是直流，一根是交流；或两根都是直流；或两根都是交流。若在直流中两根焊丝都接正极，则能得到最大的溶深，也就能获得最大的焊接速度。

然而，由于电弧间的电磁干扰和电弧偏吹的缘故，这种布置还存在某些缺点，因此，最常采用的布置：或是一根导前的焊丝（反极性）和跟踪的交流焊丝，或是两根交流焊丝。直流/交流系统利用前导的直流电弧较大的熔深，来提供较高的焊接速度，而通常在略低电流下正常工作的交流电弧，将改善该焊缝的外形和表面粗糙度。

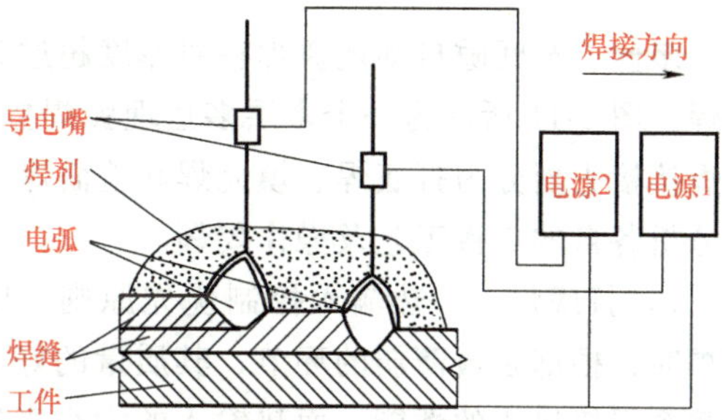

图8-8 多电源多丝、窄间隙自动埋弧焊

2）单电源多丝、窄间隙自动埋弧焊焊接操作要领。该方法实际是用两根或多根较细的焊丝代替一根较粗的焊丝，两根焊丝共用一个导电嘴，以同一速度且同时通过导电嘴向外送出，在焊剂覆盖的坡口中熔化，如图8-9所示。这些焊丝的直径可以相同也可以不同，焊丝的排列及焊丝之间的间隙影响焊缝的形成及焊接质量，焊丝之间的距离及排列方式取决于焊丝的直径和焊接参数。

由于两丝之间间隙较窄，两焊丝形成的电弧共熔池，并且两电弧互相影响，这也正是多丝埋弧焊优于单丝埋弧焊的原因。交直流电源均可使用，但直流反接能得到最好的效果。两焊丝平行且垂直于母材，相对焊接方向，焊丝既可纵向排置也可横向排置或成任意角度。因此，焊丝在导电嘴中有多种排列方式，如图8-10所示。

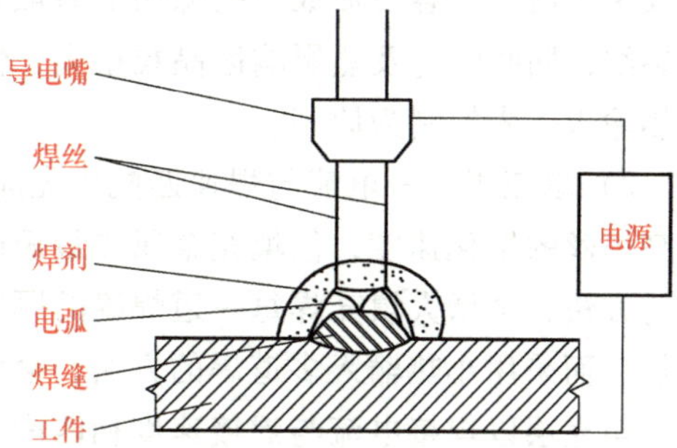

图8-9 单电源多丝、窄间隙自动埋弧焊

单电源多丝、窄间隙自动埋弧焊有以下几个优点：

① 能获得更高质量的焊缝，这是因为两电弧对母材的加热区变窄，焊缝金属的过热倾

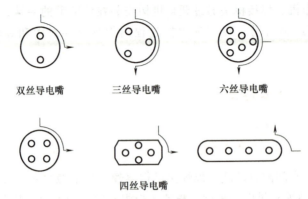

双丝导电嘴　　　三丝导电嘴　　　六丝导电嘴

四丝导电嘴

图 8-10　导电嘴中焊丝的各种排列方式

向减弱。

② 平均速度比单丝焊提高 150% 以上。

③ 焊接设备简单，这种焊接方法的焊接速度及熔敷率较高，且设备费用相对较低。

8.3.2　多层多道自动埋弧焊操作要领

多丝、窄间隙自动埋弧焊在对厚度超过 25mm 的中厚板焊接时一般采用多层多道焊工艺施焊。图 8-11 所示为一个多层多道埋弧焊接头横截面的示意图，可以将这样一个多层多道焊焊接接头划分为打底焊、填充焊和盖面焊三种，下面将对这三个部分结合其各自的特点分别分析各自的焊接工艺及操作要领。

1）打底焊——热输入控制优先原则。中厚板打底焊时，根部是最薄弱的环节，其质量的好坏直接影响整个焊接接头的性能，而热输入的大小直接决定打底焊焊道的质量。热输入小时，中厚板底层散热速度快，使熔池冷却速度快，容易形成淬硬组织，造成韧性剧烈下降，同时冷裂纹倾向增大。而热输入过大时，焊缝根部焊道熔合比增大，焊缝金属中的有害元素及杂质增多，容易形成一些低熔点共晶组织，出现

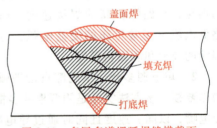

图 8-11　多层多道埋弧焊缝横截面

盖面焊

填充焊

打底焊

热裂纹，同时焊缝及热影响区晶粒粗大，性能也会急剧下降，因此，打底焊焊接参数的选择以热输入优先控制为原则。

2）填充焊——电流与焊速匹配优先原则。多层多道焊接中，填充焊焊接参数应尽可能提高焊丝的熔化速度，使填充金属在最短的时间内填满坡口，以提高生产效率。但采用大输入的方法，会增大填充焊每一道焊缝的厚度，成形变差，焊缝残余应力增大，液化裂纹倾向增加，而采用小热输入多道焊的方法，会细化晶粒，提高焊缝整体韧性，但生产效率降低。

填充层以焊接电流与焊接速度相匹配为原则进行焊接参数的设定，通过给定的不同坡口尺寸，工艺人员根据对生产效率的要求，如想用几条焊道将坡口填满，则可在保证热输入不超标的情况下，采用相应的焊接电流和焊接速度。

3）盖面焊——焊道数和熔宽控制优先的原则。盖面焊的主要目的是在盖满坡口的前提下保证焊缝成形质量。盖面焊焊道之间一般采用一半搭接的形式，因为盖面焊焊道之间需要

相互重叠达到热处理作用的目的。

因为焊缝熔宽与电弧电压有一定的对应关系，所以可以根据坡口宽度和盖面焊道数来确定每道焊缝的熔宽，进而确定电弧电压。但对于某一焊缝熔宽，其对应的焊接参数有多种，不便于推导焊缝熔宽与电压之间的量化关系。因此，上述方法只能作为一种评判标准。盖面焊采用以焊道数优先为原则，根据采用的不同电流大小，焊接速度由焊道数、焊接电流进行确定。

8.4　焊缝表面缺陷及防止措施

自动埋弧焊时可能产生的主要缺陷，除了由于焊接参数不当造成的熔透不足、烧穿、成形不良以外，还有气孔、裂纹、夹渣等。表8-2为自动埋弧焊焊接焊缝几种表面缺陷的产生原因及其防止措施。

表 8-2　自动埋弧焊表面缺陷产生原因及防止措施

缺　陷	产生原因	防止措施
咬边	1. 焊接速度太快 2. 衬垫不合适 3. 焊接电流、电弧电压不合适 4. 电极位置不当（平角焊场合）	1. 减小焊接速度 2. 使衬垫和母材贴紧 3. 调整焊接电流、电弧电压为适当值 4. 调整电极位置
焊瘤	1. 焊接电流过大 2. 焊接速度过慢 3. 电弧电压太低	1. 降低焊接电流 2. 加快焊接速度 3. 提高电弧电压
余高过大	1. 焊接电流过大 2. 电弧电压过低 3. 焊接速度太慢 4. 采用衬垫时，所留间隙不足 5. 被焊工件未置于水平位置	1. 降低焊接电流 2. 提高电弧电压 3. 提高焊接速度 4. 加大间隙 5. 将被焊工件置于水平位置
余高过小	1. 焊接电流过小 2. 电弧电压过高 3. 焊接速度过快 4. 被焊工件未置于水平位置	1. 提高焊接电流 2. 降低电弧电压 3. 降低焊接速度 4. 将被焊工件置于水平位置
余高过窄	1. 焊剂的散布宽度过窄 2. 电弧电压过低 3. 焊接速度过快	1. 焊剂散布宽度加大 2. 提高电弧电压 3. 降低焊接速度
焊道表面不光滑	1. 焊剂的散布高度过大 2. 焊剂粒度选择不当	1. 调整散布高度 2. 选择适当电流
表面压坑	1. 在坡口面有锈、油、水垢等 2. 焊剂吸潮 3. 焊剂散布高度过大	1. 清理坡口面 2. $150 \sim 300℃$ 温度下，烘干 1h 3. 调整焊剂堆敷高度
人字形压痕	1. 坡口面有锈、油、水垢等 2. 焊剂吸潮（烧结型）	1. 清理坡口面 2. $150 \sim 300℃$ 温度下，烘干 1h

8.5 自动埋弧焊技能训练实例

技能训练 1 低合金钢板平对接有垫板自动埋弧焊

1. 焊前准备

1）试件材料：Q390 低合金钢板，规格为 500mm×125mm×14mm，2 件，V 形坡口，如图 8-12 所示。

2）焊接材料：焊丝选用 H10Mn2，直径 ϕ4.0mm，使用前焊丝要做除油、去锈处理；焊剂选用配合熔炼焊剂 HJ-301，焊前，焊剂应进行 200℃烘干，保温备用。

3）焊接要求：采用引弧板、引出板；全焊透，焊缝背面允许清根。

4）焊接设备：采用单丝埋弧焊，选用 MZ-1000 交、直流两用埋弧焊机。

2. 装配定位焊

焊接坡口：选用 65°±5°的 V 形坡口，其坡口形状如图 8-13 所示。

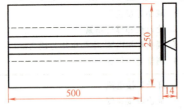

图 8-12 焊件形状及尺寸

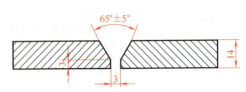

图 8-13 埋弧焊 V 形坡口形状示意图

1）焊前清理：对钢板焊接坡口及两侧的油污、铁锈等，应进行清洗或用角磨机打磨干净，以免焊接过程中产生气孔或熔合不良等缺陷。

2）组装定位焊：装配焊件应保证间隙 3mm、钝边 3mm、错边量≤0.5mm，如图 8-13 所示；定位焊可在坡口内及两端引弧板、引出板上进行。定位焊焊缝长度在 30～50mm 之间，且应保证定位焊缝质量，要与主焊缝要求一致。

3）焊剂垫准备：一般地，常用的焊剂垫有普通焊剂垫、气压焊剂垫、热固化焊剂垫、纯铜板垫等多种，纯铜板垫最为简单适用，其形状如图 8-14 所示。

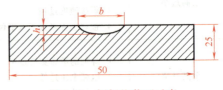

图 8-14 铜板垫截面示意

铜板垫采用机械加工法，按所需尺寸刨制。常用铜板垫的截面尺寸见表 8-3。

表 8-3 铜板垫的截面尺寸　　　　　　　　（单位：mm）

焊件厚度	宽度 b	深度 h	曲率半径 r
4～6	10	2.5	7.0
6～8	12	3.0	7.5
8～10	14	3.5	9.5
12～14	18	4.0	12

3. 焊接参数

低合金钢板平对接有垫板埋弧自动焊焊接参数见表8-4。

表 8-4 铜衬垫上对接焊缝的工艺参数

板厚 /mm	根部间隙 /mm	焊丝直径 /mm	焊接电流 /A	电弧电压 /V	焊接速度 /(cm/min)
14	4~5	4.0	850~900	39~41	38

4. 操作要点及注意事项

1）将定位焊好的焊件置于焊接板垫上，调整好焊接电流、电弧电压、焊接速度等各项焊接参数，准备施焊。

2）引弧。将焊丝与焊件短路接触，打开焊剂阀，使焊剂覆盖在焊接缝上，然后按下启动按钮，焊接开始。

3）引弧和收弧。自动埋弧焊引弧时，处于焊接的起始阶段，焊接参数的稳定性和使焊道达到熔深要求的数值，需要有一个过程；而在焊道收尾时，由于熔池冷却收缩，容易出现弧坑。这两种情况都会影响焊接质量。为了弥补这个不足，要在焊口两端设置引弧板和引出板。焊接结束后，用气割的方法，将引弧板和收弧板去掉。

4）引弧板和引出板的厚度要和被焊试件相同，长度为 100~150mm；宽度为 75~100mm。

5）焊接过程中，注意观察控制盘上的焊接电流、电弧电压，并准备随时调节；用机头上的手轮，调节导电嘴的高低；用小车前侧的手轮调焊丝对准基准线的位置，以防歪斜偏离焊道。

6）采用铜垫法焊接时，焊接电弧在较大的间隙中燃烧，熔渣随电弧前移凝固，形成渣壳，这层渣壳起到保护焊缝的作用。观察焊缝成形时，要注意等焊缝凝固冷却后再除掉渣壳，否则焊缝表面会强烈氧化。

5. 焊接质量要求

1）外观。

① 宏观金相（目测检查）：焊缝成形美观，焊缝两侧过渡均匀，无任何肉眼可见缺陷。

② 焊缝外形尺寸：焊缝余高为 2.5~3.5mm；焊缝宽度为 16~18mm。

2）无损检测。按 NB/T 47013—2015 标准进行 100%RT 检测，评定等级达到 Ⅱ级以上为合格。

3）力学性能。埋弧焊接头力学性能试验见表8-5。

表 8-5 埋弧焊接头力学性能试验

检测部位	抗拉强度 R_m/MPa	屈服强度 R_{eL} /MPa	断后伸长率 A （%）	弯曲[压头直径 $D=2t$（t 为板厚）]	冲击功/J	
					焊缝	热影响区
焊接接头	347~380	527~583	29~34	合格	45~76	32~39

技能训练2 中厚板对接不清根的平焊位置双面自动埋弧焊

1. 焊前准备

1）试件材料：Q390 低合金钢板，规格 400mm×100mm×14mm，2 件，V 形坡口，如

图 8-15 所示。

2）焊接材料：焊丝选用 H08MnA（H08A），直径 ϕ5.0mm，使用前焊丝要做除油、去锈处理；焊剂选用配合熔炼焊剂 HJ-431，焊前，焊剂应进行 200℃烘干，保温备用。

3）焊接要求：采用引弧板、引出板；双面焊，全焊透，焊缝背面不清根。

4）焊接设备：采用单丝埋弧焊，选用 MZ-1000 交、直流两用埋弧焊机。

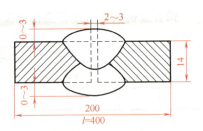

图 8-15　焊件形状及尺寸

2. 装配定位焊

1）清除焊件坡口面及其正反两侧 20mm 范围内油、锈及其他污物，直至露出金属光泽。

2）定位焊用焊条 E5015，直径为 ϕ4mm。

3）焊件装配要求如图 8-16 所示。装配间隙 2~3mm，错边量应≤1.4mm，反变形量 3°，在焊件两端焊引弧板和引出板，并做定位焊，尺寸为 100mm×100mm×14mm。

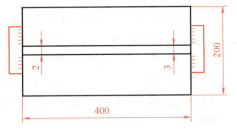

图 8-16　焊件装配要求

3. 焊接参数

中厚板对接不清根的平焊位置双面自动埋弧焊焊接参数见表 8-6。

表 8-6　焊接参数

焊缝位置	焊丝直径/mm	焊接电流/A	电弧电压/V	焊接速度/（m/h）
背面	5.0	700~750	交流 36~38	30
正面	5.0	800~850	直流反接 32~34	30

4. 操作要点及注意事项

将焊件置于水平位置熔剂垫上，进行两层两道双面焊，先焊背面焊道，后焊正面焊道。

1）背面焊道的焊接。

①垫熔剂垫。必须垫好熔剂垫，以防熔渣和熔池金属流失。所用焊剂必须与试件焊接用的相同，使用前必须烘干。

②对中焊丝。使焊接小车轨道中线与焊件中线相平行（或相一致），往返拉动焊接小车，使焊丝都处于整条焊缝的间隙中心。

③引弧及焊接。将小车推至引弧板端，锁紧小车行走离合器，按动送丝按钮，使焊丝与引弧板可靠接触，给送焊剂，覆盖住焊丝伸出部分。

按启动按钮开始焊接，观察焊接电流表与电压表读数，应随时调整至焊接参数。焊剂在焊接过程中必须覆盖均匀，不应过厚，也不应过薄而漏出弧光。小车走速应均匀，防止电缆的缠绕阻碍小车的行走。

④收弧。当熔池全部达到引出板后开始收弧，先关闭焊剂漏斗，再按下一半停止按钮，使焊丝停止给送，小车停止前进，但电弧仍在燃烧，以使焊丝继续熔化来填满弧坑，并以按下这一半按钮的时间长短来控制弧坑填满的程度，然后继续将停止开关按到底，熄灭电弧，

结束焊接。

⑤ 清渣。松开小车离合器，将小车推离焊件，回收焊剂，清除渣壳，检查焊缝外观质量，要求背面焊缝的熔深应达板厚的40%～50%，否则用加大间隙或增大电流，减小焊接速度的方法来解决。

2）正面焊道的焊接。将焊件翻面，焊接正面焊道，其方法和步骤与背面焊道完全相同，但需注意以下两点：

① 为防止未焊透或夹渣，要求正面焊道的熔深达60%～70%，通常以加大焊接电流的方法来实现。

② 焊正面焊道时，可不再用焊剂垫，而采用悬空焊接，在焊接过程中观察背面焊道的加热颜色来估计熔深，也可仍在焊剂垫上进行。

复习思考题

1. 自动埋弧焊机常见故障及排除方法有哪些？
2. 工装夹具的作用是什么？应如何选择合适的工装夹具？
3. 窄间隙自动埋弧焊的操作要领有哪些？
4. 自动埋弧焊焊缝表面缺陷及防治措施是什么？
5. 低合金钢板平对接有垫板的自动埋弧焊焊接参数如何确定？

项目9

机器人焊接

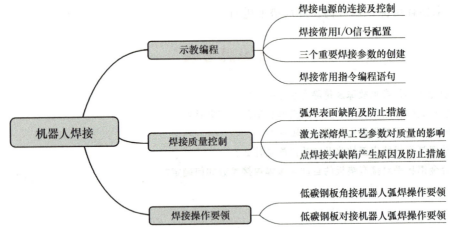

本章主要介绍三种常用的焊接机器人，即点焊机器人、弧焊机器人和激光焊机器人，如图 9-1 所示。

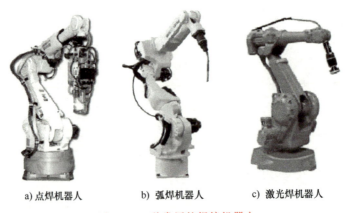

a) 点焊机器人　　　b) 弧焊机器人　　　c) 激光焊机器人

图 9-1　三种常用的焊接机器人

9.1　机器人弧焊

9.1.1　ABB 弧焊机器人示教编程

（1）焊接电源的控制　　ABB2600 机器人和焊接电源连接方式的简单且实用：通过 ABB

标准的 Devicenet 总线和 ABB 标准 I/O 板 DSQC651 来控制焊接电源，如图 9-2 所示。

ABB 机器人通常通过模拟量 AO 和数字量 DO 来控制焊接电源，由于 DSQC651（见图 9-3）具备 8 个输入接口、8 个输出接口、2 个模拟输出接口，所以通常选择 DSQC651 来控制焊接电源。焊接电源接线时，由于每种品牌型号的焊接电源的接线位置可能有差异，具体连接方式需要查看焊接电源说明书。

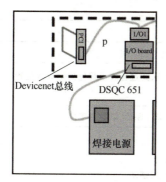

图 9-2　机器人和焊接电源的连接方式

图 9-3　ABB 标准 I/O 板 DSQC651

（2）焊接常用 I/O 信号的配置　弧焊里常用的 I/O 信号共 8 种，包括 2 个模拟输出信号，3 个数字输出信号和 3 个数字输入信号，见表 9-1。

表 9-1　焊接常用的 8 种 I/O 信号

信号类型	说明	应用实例
AOWeld_REF	模拟输出信号	用于控制焊接电压
AOFeed_REF	模拟输出信号	用于控制焊接电流或送丝速度
DOWeldOn	数字输出信号	焊接开始数字信号
DOGasOn	数字输出信号	打开保护气数字信号
DOFeedOn	数字输出信号	送丝信号
DIArcEst	数字输入信号	用于起弧检测
DIGasOk	数字输入信号	用于保护气检测
DIFeedOk	数字输入信号	用于送丝检测

焊接 I/O 信号配置：打开示教器，在 ABB 菜单下选择"控制面板"→"配置系统参数"→"主题"→"Process"，依次配置上述 8 个信号，配置完毕，选择重新启动，如图 9-4 所示。

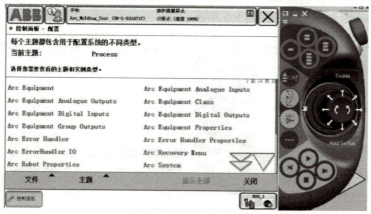

图 9-4　I/O 信号配置

（3）焊接参数的创建

1）机器人弧焊时的三个重要参数见表9-2。

表9-2　机器人弧焊参数

数据类型	参数名称	说　　明
welddata 焊接参数	Weld_speed	机器人的焊接速度，单位为mm/s
	Voltage	焊接电压
	Current	焊接电流
seamdata 起弧收弧参数	Purge_time	焊接开始时清理枪管中空气的时间
	Preflow_time	预送气的时间，以秒为单位，此过程表示焊枪到达焊接位置时对焊接工件进行保护
	Postflow_time	尾送气时间，对焊缝进行继续保护，以秒为单位
weavedata 摆弧参数	Weave_shape	摆动形状： 0-no_weaving 表示没有摆动 1-zigzag_weaving 表示 Z 字形摆动 2-V-shaped_weaving 表示 V 字形摆动 3-Triangular_weaving 表示三角摆动
	Weave_type	摆动模式： 0 表示机器人的 6 根轴都参与摆动 1 表示 5 轴和 6 轴参与摆动 2 表示 1,2,3 轴参与摆动 3 表示 4,5,6 轴参与摆动
	Weave_length	一个摆动周期机器人的工具坐标向前移动的距离
	Weave_width	摆动宽度
	Weave_height	摆动高度，只有在三角摆动和 V 字形摆动时此参数才有效

2）焊接参数的创建。打开示教器，在 ABB 菜单下选择"程序数据"→"视图"→"全部数据类型"，开始数据的创建。

单击"welddata"→"显示数据"→"新建数据"，定义名称、范围、存储类型等；然后单击"初始值"，单击"值"列输入具体数值，可设定焊接电流、电弧电压、焊接速度等参数，完成 welddata 参数的创建，如图9-5所示。

图9-5　welddata 参数的创建

单击"weavedata"→"显示数据"→"新建数据"，定义名称、范围、存储类型等；然后单击"初始值"，设定焊接电流、电弧电压、焊接速度等参数，完成 weavedata 参数的创建，如图9-6所示。

单击"seamdata"→"显示数据"→"新建数据"，定义名称、范围、存储类型等；然后点击"初始值"，设定焊接电流、电弧电压、焊接速度等参数，完成 seamdata 参数的创建，如图9-7所示。

图9-6　weavedata 的创建

图9-7　seamdata 的创建

（4）焊接常用指令

1）ArcLStart：用于直线焊缝的焊接开始，工具中心点线性移动到指定目标位置，整个焊接过程通过参数监控和控制，示例如图9-8所示。

图9-8　ArcLStart 语句示例

2）ArcL：用于直线焊缝的焊接，工具中心点线性移动到指定目标位置，焊接过程通过参数控制，示例如图9-9所示。

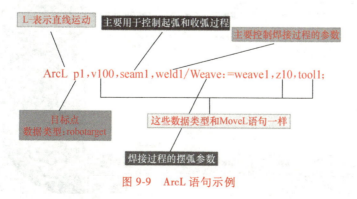

图9-9　ArcL 语句示例

3）ArcLEnd：用于直线焊缝的焊接结束，工具中心点线性移动到指定目标位置，整个焊接过程通过参数监控和控制，示例如图 9-10 所示。

4）ArcC：用于圆弧焊缝的焊接，工具中心点圆弧移动到指定目标位置，焊接过程通过参数控制，示例如图 9-11 所示。

5）ArcCEnd：用于圆弧焊缝的焊接结束，工具中心点圆弧移动到指定目标位置，整个焊接过程通过参数监控和控制，示例如图 9-12 所示。

图 9-10　ArcLEnd 语句示例

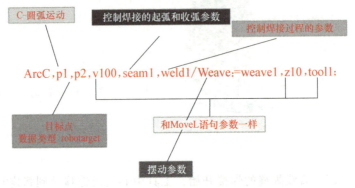

图 9-11　ArcC 语句示例

6）在示教器中添加指令：以 ArcL 指令为例，单击"添加指令"按钮，选择"ArcL"，然后单击具体数值可更改目标点、焊接速度、转弯区尺寸、工具坐标系点等参数，如图 9-13 所示。

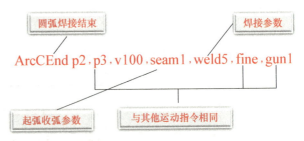

图 9-12　ArcCEnd 语句示例

图 9-13　在示教器中添加 ArcL 语句

7）编程语句原则。

① 任何焊接程序都必须以 ArcLStart 或者 ArcCStart 开始，通常使用 ArcLStart 作为起始语句。

② 任何焊接过程都必须以 ArcLEnd 或者 ArcCEnd 结束。

③ 焊接中间用 ArcL 或 ArcC 语句。

④ 焊接过程中不同语句可以使用不同的焊接参数（seamdata 或 welddata），完整的焊接编程语句如图 9-14 所示。

9.1.2 机器人弧焊表面缺陷产生原因

机器人弧焊表面缺陷一般有焊偏、咬边、气孔等几种，具体分析如下：

1）出现焊偏可能是焊接的位置不正确或焊枪寻找时出现问题。这时，要考虑 TCP（焊枪中心点位置）是否准确，并加以调整。如果频繁

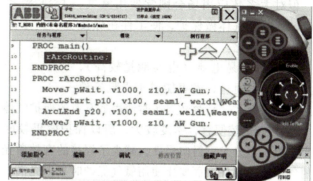

图 9-14　完整的焊接编程语句

出现这种情况就要检查一下机器人各轴的零位置，重新校零予以修正。

2）出现咬边可能是焊接参数选择不当、焊枪角度或焊枪位置不对，可适当调整功率的大小来改变焊接参数，调整焊枪的姿态以及焊枪与工件的相对位置。

3）出现气孔可能是气体保护差、工件的底漆太厚或者保护气不够干燥，进行相应的调整就可以处理。

4）飞溅过多可能是焊接参数选择不当、气体组分原因或焊丝伸出长度太大，可适当调整功率的大小来改变焊接参数，通过气体配比仪来调整混合气体比例，调整焊枪与工件的相对位置。

5）焊缝结尾处冷却后形成一弧坑，编程时在工作步中添加埋弧坑功能，可以将其填满。

9.2　机器人激光焊

9.2.1　机器人激光深熔焊的主要工艺参数

1）激光功率：激光焊接中存在一个激光能量密度阈值，低于此值，熔深很浅，一旦达到或超过此值，熔深会大幅度提高。只有当工件上的激光功率密度超过阈值（与材料有关），等离子体才会产生，这标志着稳定深熔焊的进行。一般来说，对一定直径的激光束，熔深随着光束功率提高而增加。

2）光束焦斑：光束斑点大小是激光焊接的最重要变量之一，因为它决定功率密度。

3）材料吸收值：材料对激光的吸收取决于材料的一些重要性能，如吸收率、反射率、热导率、熔化温度、蒸发温度等，其中最重要的是吸收率。

4）焊接速度：焊接速度对熔深影响较大，提高焊接速度会使熔深变浅，但焊接速度过

低又会导致材料过度熔化、焊件焊穿。所以，对于一定激光功率和一定厚度的某特定材料都有一个合适的焊接速度范围，并在其中相应速度值时可获得最大熔深，焦点半径、焊接速度对焊缝截面的影响如图9-15所示。

5）保护气体：激光焊接过程常使用惰性气体来保护熔池，当某些材料焊接时可不计较表面氧化，所以也可不考虑保护，但对大多数应用场合则常使用氦气、氩气、氮气等气体做保护，使工件在焊接过程中免受氧化。

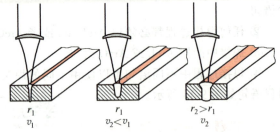

图9-15 焦点半径、焊接速度对焊缝截面影响
r_1、r_2—焦点半径　v_1、v_2—焊接速度

① 氦气不易电离（电离能量较高），可让激光顺利通过，光束能量不受阻碍地直达工件表面。这是激光焊接时使用最有效的保护气体，但价格比较贵。

② 氩气比较便宜，密度较大，所以保护效果较好。但它易受高温金属等离子体电离，结果屏蔽了部分光束射向焊件，减少了焊接的有效激光功率，也减小了焊接速度与熔深。使用氩气保护的焊件表面要比使用氦气保护时来得光滑。

③ 氮气作为保护气体最便宜，但对某些类型不锈钢的焊接并不适用，主要是由于冶金学方面问题，如吸收，有时会在搭接区产生气孔。

④ 使用保护气体的第二个作用是保护聚焦透镜免受金属蒸气污染和液体熔滴的溅射。特别在高功率激光焊接时，由于其喷出物变得非常有力，此时保护透镜则更为必要。

⑤ 保护气体的第三个作用是驱散高功率激光焊接产生的等离子屏蔽。

6）透镜焦距：焊接时通常采用聚焦方式会聚激光，一般选用63～254mm（2.5″～10″）焦距的透镜。

7）焦点位置：焊接时，为了保持足够功率密度，焦点位置至关重要。焦点与工件表面相对位置的变化直接影响焊缝宽度与深度，1018钢焦点位置与焊缝宽度和深度的关系如图9-16所示。采用短焦距可获得较高的能量密度，光斑小，要求工件配合间隙要小。

8）激光束位置：对不同的材料进行激光焊接时，激光束位置控制着焊缝的最终质量，特别是对接接头的焊接比搭接结头的焊接对此更为敏感。

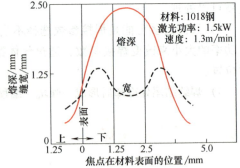

图9-16 1018钢焦点位置与焊缝宽度
和深度的关系

9）焊接起始点、终止点的激光功率渐升、渐降控制：激光深熔焊接时，不管焊缝深浅，小孔现象始终存在。当焊接过程终止，关闭功率开关时，焊缝尾端将出现凹坑。另外，当激光焊层覆盖原先焊缝时，会出现对激光束过度吸收，导致焊件过热或产生气孔。

9.2.2 典型材料的机器人激光焊

（1）碳素钢和低合金钢的焊接

1）碳当量超过0.3%时，焊接的难度就会增加，冷裂敏感性增大，材料在疲劳和低温条件下的脆断倾向也随之增加，解决方法如下：

①　预热或后热。

②　采用双光束焊接，一束聚焦，另一束散焦。

③　在保证熔深的前提下，尽量采用较低的功率和焊接速度。

2）当高碳材料和低碳材料焊接时，采用偏置焊缝形式有利于限制马氏体的转变，减少裂纹的产生。

3）镇静钢和半镇静钢的激光焊接性能较好，因为材料在浇注前加入了硅、铝等脱氧剂，使钢中的含氧量降到了很低的程度。

4）硫、磷含量超过 0.04%（质量分数）的钢激光焊接时易产生热裂纹。

5）对于搭接结构的镀锌钢，一般很难采用激光焊接。

（2）不锈钢的焊接

1）不锈钢的焊接性能较好。

2）奥氏体不锈钢的热导率只有碳钢的 1/3，吸收率比碳钢略高。因此，奥氏体不锈钢能获得比碳钢稍微深一点的熔深（约深 5%～10%）。

3）Cr-Ni 系不锈钢激光焊时，材料具有很高的能量吸收率和熔化效率。

4）激光焊焊接铁素体不锈钢时，焊缝塑性和韧性比采用其他焊接方法时要高。

5）不锈钢的激光焊，可用于核电站中不锈钢管、核燃料包等的焊接，也可用于化工等其他工业部门。

（3）铝合金的激光焊

1）铝合金激光焊常采用深熔焊方式，焊接时的主要困难是铝合金对激光束的高反射率和自身的高热导性。

2）铝及铝合金激光焊时，随着温度的升高，氢在铝中的溶解度急剧升高，焊缝中多存在气孔，深熔焊时根部可能出现空洞，焊道成形较差。

3）采用激光焊接铝合金时，除了能量密度的问题，还有三个很重要的问题需要解决：气孔、热裂纹和严重的焊缝不规则性。

4）铝合金对激光的强烈反射作用，使焊接十分困难，必须采用高功率的激光器才能进行焊接。

9.3　机器人点焊

9.3.1　机器人点焊接头焊接缺陷产生的原因及改进措施

1）点焊质量的一般要求。

①　外观要求：要求表面压痕浅而平滑，呈均匀过渡，无明显凸肩或局部挤压的表面鼓包；外表面没有明显的环状或径向裂纹，也无熔化、烧伤或黏附的铜合金。

②　内部要求：熔核形状规则、均匀，无超标的裂纹或缩孔等内部缺陷，以及热影响区组织和力学性能不发生明显变化等。

2）点焊接头焊接缺陷产生的原因及改进措施见表9-3。

表 9-3　点焊接头焊接缺陷产生的原因及改进措施

名称	质量问题	产生的可能原因	改进措施
熔核尺寸缺陷	未熔透或熔核尺寸小	焊接电流小,通电时间短,电极压力过大	调整规范
		电极接触面积过大	修整电极
		表面清理不良	清理表面
	焊透率过大	电流过大,通电时间过长,电极压力不足等	调整规范
		电极冷却条件差	加强冷却,使用导热性好的电极材料
外部缺陷	熔核压痕过深及表面过热	电极接触面积过小	修整电极
		焊接电流过大,通电时间过长,电极压力不足	调整规范
		电极冷却条件差	加强冷却
	表面局部烧穿、溢出、表面飞溅	电极修整得太尖锐	修整电极
		电极或焊件表面有异物	清理表面
		电极压力不足或电极与焊件虚接触	提高电极压力,调行程
	熔核表面径向裂纹	电极压力不足,锻压压力不足或加得不及时	调整规范
		电极冷却作用差	加强冷却
	熔核表面环形裂纹	焊接时间过长	调整规范
	熔核表面黏损	电极材料选择不当	调换合适电极材料
		电极端面倾斜	修整电极
	熔核表面发黑,包覆层破坏	电极、焊件表面清理不良	清理表面
		焊接电流过大,焊接时间过长,电极压力不足	调整规范
	接头边缘压溃或开裂	边距过小	改进接头设计
		大量飞溅	调整规范
		电极未对中	调整电极同轴度
	熔核脱开	焊件刚性大而又装配不良	调整板件间隙,注意装配;调整规范
内部缺陷	裂纹、缩松、缩孔	焊接时间过长,电极压力不足,锻压力加得不及时	调整规范
		熔核及近缝区淬硬	选用合适的焊接规范
		大量飞溅	清理表面,增大电极压力
	核心偏移	热场分布对贴合面不对称	调整热平衡(不等电极端面、不同电极材料、改为凸焊等)
	结合线伸入	表面氧化膜清除不净	高熔点氧化膜应严格清除并防止焊前的再氧化

（续）

名称	质量问题	产生的可能原因	改进措施
内部缺陷	板缝间有金属溢出	焊接电流过大，电极压力不足	调整规范
		板间有异物或贴合不紧密	清理表面、提高压力或用调幅电流波形
		边距过小	改进接头设计
	脆性接头	熔核及近缝区淬硬	采用合适的焊接循环
	熔核成分宏观偏析	焊接时间短	调整规范
	环形层状花纹	焊接时间过长	调整规范
	气孔	表面有异物（镀层、锈等）	清理表面

9.3.2 机器人点焊操作注意事项

1）焊接过程中，在电极与工件接触时，尽量使电极与工件接触点所在的平面保持垂直，否则会使电极端面与工件的接触面积变小，通过接触面的电流密度就会增大，导致烧穿、熔核直径变小、飞溅增大等焊接缺陷。

2）焊接过程中，应避免焊钳与工件接触，以免两极电极短路。

3）电极头表面应保证无其他粘接杂物，发现电极头磨损严重或端部出现凹坑，必须立即更换，因为随着点焊的进行，电极端面逐渐墩粗，通过电极端面输入熔核区域的电流密度逐渐减小，熔核直径变小。当熔核直径小于标准规定的最小值时，则产生虚焊。一般每焊400~450个熔核需用平锉修磨电极帽一次，每个电极帽在修磨9~10次后需更换。

4）定期检查气路、水路系统，不允许有堵塞和泄露现象。

5）定期检查通水电缆，若发现部分导线折断，应及时更换。

6）停止使用时应将冷却水排放干净。

9.4 机器人焊接技能训练实例

技能训练1 低碳钢板角接机器人弧焊

1. 焊前准备

1）试件材料：Q235钢板，规格为200mm×50mm×12mm，2块，手工定位焊固定成T形结构，如图9-17所示。

2）焊接材料：ER50-6焊丝，直径φ1.2mm。

3）焊接要求：单面焊双面成形。

4）焊接设备：ABB-1400机器人和福尼斯TPS-2700焊机组成的弧焊机器人系统。

2. 装配定位焊

1）清除焊缝两侧各20mm范围内的油污、锈蚀、水分及其他污物，直至露出金属光泽。

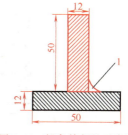

图9-17 板角接焊缝示意图

2）定位焊采用与焊接试件相同牌号的焊条，定位焊缝长度为10mm。

3. 焊接参数

板角接机器人弧焊焊接参数见表9-4。

表9-4 焊接参数

焊接层次	焊接电流/A	电弧电压/V	焊接速度/(mm/s)	气体流量/(L/min)	导电嘴至工件距离/mm	摆动一个周期的宽度/mm	摆动一个周期的长度/mm
1	140	18.7	2	10	30	6	2

4. 操作要点及注意事项

（1）示教编程

1）新建例行文件的创建。在ABB练习工作站文件夹中，找到事先保存的"T型接头"模型，单击"打开"按钮打开，如图9-18所示。

图9-18 打开模型

在工具栏中选择"控制器工具"，单击"输入/输出"按钮，打开如图9-19所示画面。然后将其值修改为"0"，如图9-20所示。

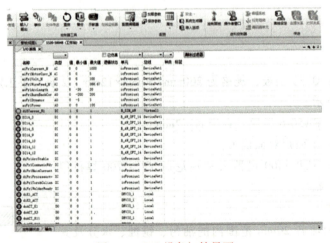

图9-19 I/O设备初始界面

选择工具栏中的"虚拟控制器",单击工作站虚拟控制器左上角的"ABB",打开 AAB 机器人系统主菜单。按"程序编辑器",打开图 9-21 所示的程序编辑器界面。

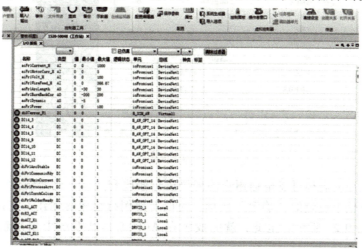

图 9-20   I/O 设备值的修改界面

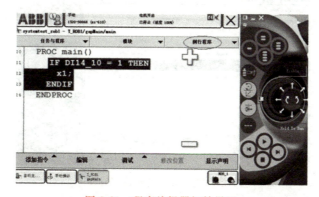

图 9-21   程序编辑器初始界面

单击"例行程序",系统显示已经存在的例行程序,如图 9-22 所示。

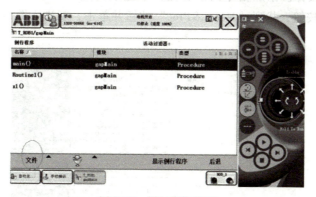

图 9-22   例行程序界面

单击"文件"图标,在展开的菜单选项中选择"新建例行程序...",打开定义新建例行程序界面,如图 9-23 所示。

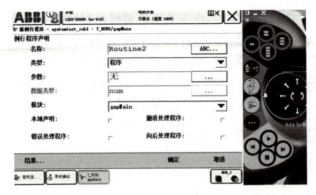

图 9-23　定义新建例行程序

新建例行程序的名称可以根据用户的需要进行修改和定义，此处输入"Routine2"，然后单击界面右下偏中位置的"确定"图标，完成新建例行程序的创建，并在文件夹显示程序文件名，如图 9-24 所示。至此，就完成了在 ABB 工作站系统中创建新的例行程序的工作。

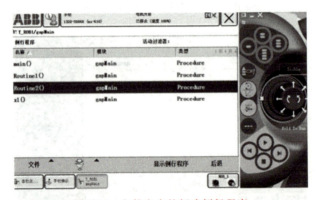

图 9-24　文件夹中的新建例行程序

2）调用变位机。单击图 9-24 右下方"显示例行程序"图标，打开"程序编辑器"，再单击"添加指令"图标。添加指令画面右侧栏中显示的是"Common"菜单，单击"上一个"或"下一个"按钮，找到"Motion&Proc"按钮并单击，就进入图 9-25 所示的"添加指令"画面。

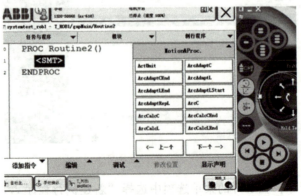

图 9-25　添加指令画面

单击"Motion&Proc"栏中的"ActUnit"按钮，显示可用的外围设备名称，如图9-26所示。

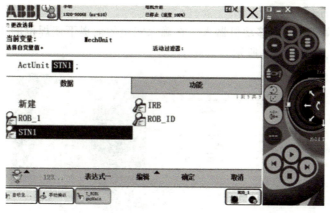

图9-26　外围设备名录

进行空间焊接时一般需要变位器的配合，选用可用的变位器"STN1"，使之深色显示，再单击"确定"图标，即完成了外围设备的调用，如图9-27所示。

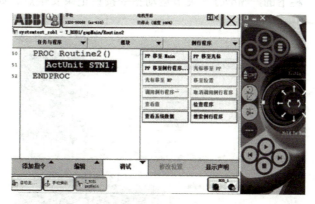

图9-27　完成外围设备调用

ABB机器人可以保存多个程序，以方便使用，所以还需要建立变位机与程序之间的关系。通过单击"调试"→"PP移至例行程序…"，打开例行程序列表，并用光笔选中前面建立的程序"Routine2"，使之深色显示，如图9-28所示。

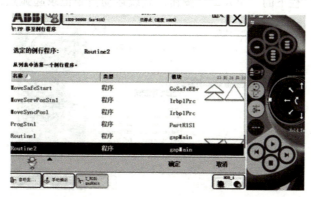

图9-28　变位机与程序匹配

单击"确定"图标后，系统返回图 9-27 所示界面。为了开启变位机，并使机器人控制系统计算变位机的轴数据，需要按压"运行"操作键使机器人动作，之后马上按"停止"完成变位机调用设置。

3）例行程序编辑。手动移动机器人，在确保安全的前提下使焊枪的 TCP 尽量接近 T 形结构的角焊缝位置，如图 9-29 所示。

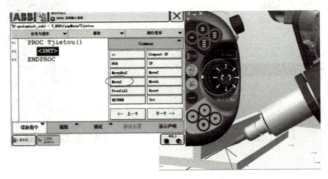

图 9-29 移动焊枪至安全位置

单击"Common"栏下的"MoveJ"关节运动指令按钮记录安全点，如图 9-30 所示。

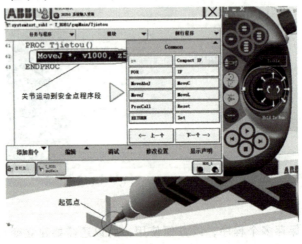

图 9-30 记录安全位并移动至起弧（焊接开始）点

单击"Common"栏下的"MoveL"按钮。直线运动指令记录起弧点，如图 9-31 所示。

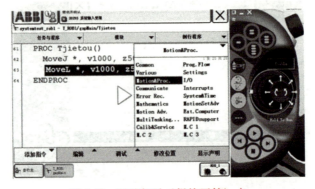

图 9-31 记录起弧（焊接开始）点

单击"Common"切换成"Motion&proc"栏，显示焊接指令，如图9-32所示。

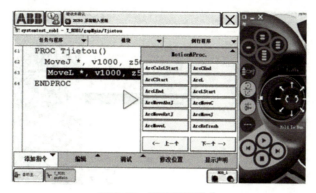

图9-32　显示焊接指令

单击"ArcLStart"焊接直线开始指令按钮，完成直线动作下的起弧指令设置，如图9-33所示。

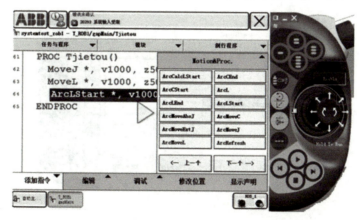

图9-33　直线焊接开始（起弧）

在ArcLStart程序行中还需要设置相关的焊缝和焊接参数才能真正进行焊接，选中该行程序，即进入图9-34所示的参数设置界面。

图9-34　seam设置

图9-34中"seam1"为已有系统默认参数的情况，单击"seam1"打开功能设置栏，完成相关设置。图9-34中"<EXP>"表示"weld"还没有系统默认参数，选中后需单击左侧

的"新建"图标，新建"weld1"，然后进行参数设置，如图9-35所示。

图9-35　weld设置

在完成起弧指令中的相关参数设置之后，再手动移动机器人，使焊枪的TCP点到达焊缝终点，用"ArcLEnd"指令结束直线焊接，关闭电弧，如图9-36所示。

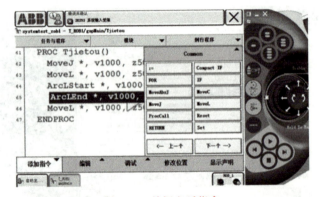

图9-36　关闭电弧指令

在关闭电弧指令中需要进行摆动参数的设置，在设置之前还需要使Weave（摆动）可用。打开图9-37所示的"ArcLEnd"指令选项框，单击"Weave"使之从"未使用"变成"已使用"，然后关闭该对话框，Weave（摆动）处于可设置参数状态。

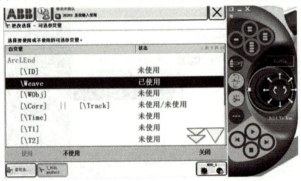

图9-37　Weave可用的设置

按照起弧焊接参数设置相同的方法，在图9-38所示的"Weave"设置对话框完成摆动参数的设置。

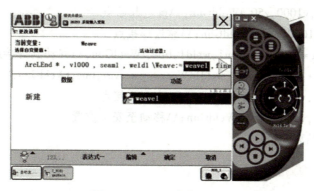

图 9-38　Weave 参数设置

手动移动机器人从焊接结束点到过渡点，使用 MoveL 参数记录指令。最后，机器人需要回到安全点，可以采用复制指令的方式进行编辑。在图 9-39 中选择第 1 条程序指令，单击"编辑"→"复制"，如图 9-39 所示。

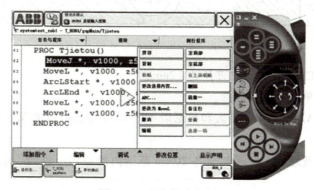

图 9-39　程序指令复制

选择最后一句程序指令，单击"粘贴"，如图 9-40 所示。运行该指令使机器人回到安全点，再单击"Common"→"Prog. Flow"→"Stop"，即完成全部指令的编辑。

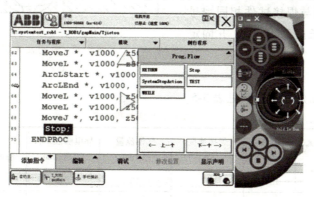

图 9-40　程序指令粘贴和结束

（2）板角接焊接程序解析

ENDPROC

　　PROC p44(　　)

```
MoveJ * ,v1000,z50,tWeldGun;\\确定起始点
MoveL,v1000,z50,tWeldGun;\\靠近焊接点
ArcLStart * ,v1000,seam1,weld1,fine,tWeldGun;\\移动到焊接起始点
ArcLEnd * ,v1000,seam1,weld1\Weave:=weave1,fine,tWeldGun;\\移动到焊接结束
MoveL * ,v1000,z50,tWeldGun;\\离开焊接点
MoveL * ,v1000,z50,tWeldGun;\\移动至安全位置
Stop;\\结束
```

技能训练 2　低碳钢板对接机器人弧焊

1. 焊前准备

1）试件材料：Q235 钢板，规格为 200mm×50mm×12mm，2 块，开单 V 形坡口，坡口角度为 60°，如图 9-41 所示。

图 9-41　板对接焊缝示意

2）焊接材料：ER50-6 焊丝，直径 φ1.2mm。

3）焊接要求：单面焊双面成形。

4）焊接设备：ABB-1400 机器人和福尼斯 TPS-2700 焊机组成的弧焊机器人系统。

2. 装配定位焊

1）清除坡口面及坡口正反面两侧各 20mm 范围内的油污、锈蚀、水分及其他污物，直至露出金属光泽。

2）修磨钝边 2mm。

3）装配间隙为 1~2mm；错边量 ≤ 0.5mm，装配示意图如图 9-42 所示。

4）定位焊采用与焊接试件相同牌号的焊条，定位焊缝长度为 10mm，并固定在焊接支架上。

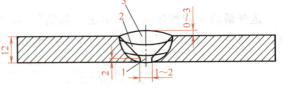

图 9-42　板对接装配示意图

3. 焊接参数

板对接机器人弧焊焊接参数见表 9-5。

表 9-5　焊接参数

焊接层次	焊接电流/A	电弧电压/V	焊接速度/(mm/s)	气体流量/(L/min)	导电嘴至工件距离/mm	摆动一个周期的宽度/mm	摆动一个周期的长度/mm
打底层（1）	130	18.6	3	10	30	2	2
填充层（2）	120	18.5	2.5	10	30	5	2
盖面层（3）	110	18.4	2	10	30	8	2

4. 操作要点及注意事项

（1）示教编程　在确保安全的前提下，移动焊枪尽可能地接近焊缝位置，用 MoveJ 指

令记录该安全点，如图 9-43 所示。

图 9-43　移动焊枪至板对接焊缝安全点

移动焊枪至焊接位置，用 MoveL 指令记录起弧点，如图 9-44 所示。

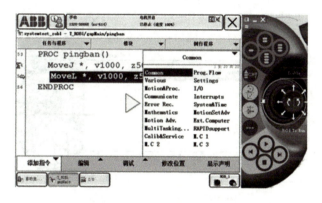

图 9-44　记录板对接焊缝起弧点

单击"Common"→"MotionProc"调出焊接指令界面，如图 9-45 所示。

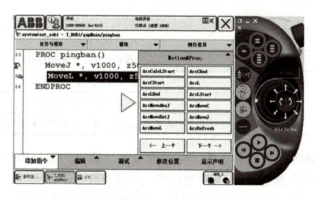

图 9-45　调出焊接指令

起弧和关闭电弧指令编辑操作步骤和方法与角焊缝编程相同，不再赘述。下面重点介绍 seam（弧焊参数）的设置方法和步骤。

在图 9-35 所示 weld 设置所示的界面中，单击"确定"图标之后，再单击"ABB"→"程序数据"打开如图 9-46 画面，找到"seamdata"。

单击"seamdata"，打开程序数据编辑画面，如图 9-47 所示。

图 9-46　程序数据

图 9-47　seam1 程序数据编辑

单击"编辑"→"更改值"进入参数编辑画面，如图 9-48 所示。弧焊参数（seamdata）具体项目见表 9-6。

表 9-6　seam1（弧焊参数 seamdata）

弧焊参数（指令）	指令定义的参数
Purge_time	保护气管路的预充气时间
Preflow_time	保护气的预吹气时间
Bback_time	收弧时焊丝的回烧量
Postflow_time	收弧时为防止焊缝氧化保护气体的吹气时间

在图 9-48 中找到需要修改的参数，修改后单击"确定"图标确认。在程序行中单击"seam1"，单击"查看数据类型"，即可继续修改焊接参数。

在完成起弧和关闭电弧指令的示教之后，用与角焊缝相同的方法完成抬离焊接平面和返回安全点的指令示教编程，调用"Stop"指令，即完成板对接焊缝的编程，如图 9-49 所示。

（2）板对接焊缝程序解析

1）打底焊接程序。

ENDPROC

PROC pjw1（　）

　　MoveJ＊,v1000,z50,tWeldGun;移动至起始点

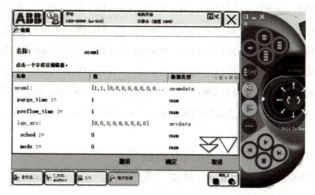

图 9-48　参数修改

图 9-49　板对接焊缝程序

MoveL * ,v1000,z50,tWeldGun;靠近焊接位置

ArcLStart * ,v1000,seam1,weld1,fine,tWeldGun;移动至焊接起始点

ArcL * ,v1000,seam1,weld1\Weave:=weave1,z10,tWeldGun;直线焊接

ArcL * ,v1000,seam1,weld1\Weave:=weave1,z10,tWeldGun;直线焊接

ArcL * ,v1000,seam1,weld1\Weave:=weave1,z10,tWeldGun;直线焊接

ArcL * ,v1000,seam1,weld1\Weave:=weave1,z10,tWeldGun;直线焊接

ArcLEnd * ,v1000,seam1,weld1\Weave:=weave1,fine,tWeldGun;移动至焊
接结束点

MoveL * ,v1000,z50,tWeldGun;离开焊接点

MoveL * ,v1000,z50,tWeldGun;移动至安全点

Stop;停止

2）填充焊接程序。

ENDPROC

　　PROC pjw2(　)

　　MoveJ * ,v1000,z50,tWeldGun;移动至起始点

　　MoveL * ,v1000,z50,tWeldGun;靠近焊接位置

　　ArcLStart * ,v1000,seam1,weld1,fine,tWeldGun;移动至焊接起始点

ArcL * ,v1000,seam1,weld1\Weave:=weave1,z10,tWeldGun;直线焊接

ArcL * ,v1000,seam1,weld1\Weave:=weave1,z10,tWeldGun;直线焊接

ArcL * ,v1000,seam1,weld1\Weave:=weave1,z10,tWeldGun;直线焊接

ArcL * ,v1000,seam1,weld1\Weave:=weave1,z10,tWeldGun;直线焊接

ArcL * ,v1000,seam1,weld1\Weave:=weave1,z10,tWeldGun;直线焊接

ArcLEnd * ,v1000,seam1,weld1\Weave;=weave1,fine,tWeldGun;移动至焊接结束点

MoveL * ,v1000,z50,tWeldGun;离开焊接点

MoveL * ,v1000,z50,tWeldGun;移动至安全点

Stop;停止

3）盖面焊接程序。

ENDPROC

PROC pjw3（　）

MoveJ * ,v1000,z50,tWeldGun;移动至起始点

MoveL * ,v1000,z50,tWeldGun;靠近焊接位置

ArcLStart * ,v1000,seam1,weld1,fine,tWeldGun;移动至焊接起始点

ArcL * ,v1000,seam1,weld1\Weave:=weave1,z10,tWeldGun;直线焊接

ArcL * ,v1000,seam1,weld1\Weave:=weave1,z10,tWeldGun;直线焊接

ArcL * ,v1000,seam1,weld1\Weave:=weave1,z10,tWeldGun;直线焊接

ArcL * ,v1000,seam1,weld1\Weave:=weave1,z10,tWeldGun;直线焊接

ArcL * ,v1000,seam1,weld1\Weave:=weave1,z10,tWeldGun;直线焊接

ArcLEnd * ,v1000,seam1,weld1\Weave;=weave1,fine,tWeldGun;移动至焊接结束点

MoveL * ,v1000,z50,tWeldGun;离开焊接点

MoveL * ,v1000,z50,tWeldGun;移动至安全点

Stop;停止

复习思考题

1. 如何进行焊接机器人 I/O 信号配置？

2. 机器人弧焊时怎样创建 welddata、seamdata 和 weavedata？

3. 示教编程时，合理的语句编程原则是什么？

4. 机器人弧焊表面缺陷产生的原因有哪些？

5. 简述机器人激光深熔焊的主要工艺参数及其对熔深的影响。

6. 机器人点焊接头焊接缺陷产生的原因及防止措施。

7. 机器人点焊操作注意事项有哪些？

模拟试卷样例

模拟试卷样例一

一、单项选择题：共60分，每题1分。（请从备选项中选取正确答案填写在括号中。错选、漏选、多选均不得分，也不反扣分。）

1. （   ）是社会主义职业道德的重要规范，是职业道德的基础和基本精神。

A. 诚实守信　　　B. 爱岗敬业　　　C. 服务群众　　　D. 奉献社会

2. 基于职业的（   ）概念，每个从业人员应以正确的态度对待各种职业劳动，热爱自己所从事的职业，做到爱岗敬业。

A. 兴趣　　　　　B. 多劳多酬　　　C. 平等　　　　　D. 责任感

3. 图样中剖面线是用（   ）表示的。

A. 粗实线　　　　B. 细实线　　　　C. 点画线　　　　D. 虚线

4. 轴类零件退刀槽用移出剖面画法在（   ）轮廓之外。

A. 视图　　　　　B. 剖面图　　　　C. 局部剖视图　　D. 半剖视图

5. 焊接装配图与一般装配图的不同在于图中必须清楚的表示与（   ）有关问题。

A. 气割　　　　　B. 焊接　　　　　C. 机械加工　　　D. 热处理

6. 焊缝符号标注原则是焊缝横截面上的尺寸标注在基本符号的（   ）。

A. 上侧　　　　　B. 下侧　　　　　C. 左侧　　　　　D. 右侧

7. 线性尺寸一般公差规定了（   ）个等级。

A. 三　　　　　　B. 四　　　　　　C. 五　　　　　　D. 六

8. 力学性能指标中符号 R_m 表示（   ）。

A. 屈服点　　　　B. 抗拉强度　　　C. 伸长率　　　　D. 冲击韧度

9. 使钢产生冷脆性的元素是（   ）。

A. 锰　　　　　　B. 硅　　　　　　C. 硫　　　　　　D. 磷

10. 下列牌号中（   ）是纯铝。

A. 1070A（L1）　　B. 5A06（LF6）　　C. 6A02（LD2）　　D. 2A04（LY3）

11. 金属发生同素异构转变时与（   ）一样是在恒温下进行的。

A. 金属蠕变　　　B. 金属强化　　　C. 金属变形　　　D. 金属结晶

12. 常用来焊接除铝镁合金以外的铝合金的通用焊丝型号是（   ）。

A. SAl-3　　　　　B. SAlSi-1　　　　C. SAlMn　　　　D. SAlMg-5

13. 气焊管子时，一般均用（   ）接头。

A. 对接　　　　　B. 角接　　　　　C. 卷边　　　　　D. 搭接

14. 对钨极氩弧焊机的气路进行检查时，气压为（　　）MPa时，检查气管有无明显变形和漏气现象，打开试气开关时，送气正常。

A. 1　　　　　B. 0.5　　　　　C. 0.1　　　　　D. 0.3

15. 易燃易爆物品距离切割场地在（　　）m以外。

A. 3　　　　　B. 5　　　　　C. 10　　　　　D. 15

16. 铝及铝合金工件和焊丝表面清理以后，在干燥的情况下，一般应在清理后（　　）内施焊。

A. 4h　　　　　B. 12h　　　　　C. 24h　　　　　D. 36h

17. 铝及铝合金焊接时，产生气孔的最重要原因是（　　）的存在。

A. CO_2　　　　　B. CO　　　　　C. N_2　　　　　D. H_2

18. 焊接电弧强迫调节系统的控制对象是（　　）。

A. 电弧长度　　　　　　　　　B. 焊丝伸出长度

C. 电流强度　　　　　　　　　D. 电网电压

19. 热轧低碳钢焊接热影响区的组成部分没有（　　）。

A. 过热区　　　　　B. 正火区　　　　　C. 部分相变区　　　　　D. 回火区

20. 低碳钢20钢管对接时，焊条应选用（　　）。

A. E6015　　　　　B. E5515　　　　　C. E4303　　　　　D. E5034

21. （　　）容器受力均匀，在相同壁厚条件下，承载能力最高。

A. 圆筒形　　　　　B. 锥形　　　　　C. 球形　　　　　D. 方形

22. 钢板对接仰焊打底焊时，（　　），以防止熔池金属下坠。

A. 熔池大一些，焊道薄一些　　　　　B. 熔池小一些，焊道薄一些

C. 熔池大一些，焊道厚一些　　　　　D. 熔池小一些，焊道厚一些

23. 焊接接头冲击试样的缺口不能开在（　　）位置。

A. 焊缝　　　　　B. 熔合线　　　　　C. 热影响区　　　　　D. 母材

24. 图形符号文字符号M表示（　　）。

A. 并励直流电动机　　　　　　　B. 串励直流电动机

C. 发电机　　　　　　　　　　　D. 直流测速发电机

25. 电流流过导体时，使导体发热的现象称为（　　）。

A. 电阻热效应　　　　　B. 电流热效应　　　　　C. 化学的热效应　　　　　D. 物理的热效应

26. 剪切机上、下刀刃间留有一定的间隙，间隙必须适当，若间隙过大会产生（　　）。

A. 剪切力增大　　　　　B. 剪切力减小　　　　　C. 工件翻翘　　　　　D. 刀刃磨损

27. 焊接环境中臭氧的最高允许浓度是（　　）mg/m^3。

A. 0.1　　　　　B. 0.2　　　　　C. 0.3　　　　　D. 04

28. Ⅲ级焊缝允许存在的缺陷是（　　）。

A. 未焊满（$h \leqslant 0.1t$）　　　　　B. 裂纹

C. 未熔合　　　　　　　　　　　D. 未焊透

29. 焊条电弧焊所采用的熔滴过渡形式是（　　）。

A. 粗滴　　　　　B. 渣壁　　　　　C. 细滴　　　　　D. 短路

30. 焊条电弧焊焊接对接仰焊时，打底焊采用（　　）运条法，坡口左、右两侧钝边应完全熔化，并使两侧母材各熔化 0.5～1mm。

    A. 连弧   B. 一点击穿   C. 二点击穿   D. 三点焊法

31. 不锈钢管对接焊时，要严格控制层间温度不高于（　　）。

    A. 50℃   B. 60℃   C. 80℃   D. 100℃

32. 焊条电弧焊焊接小直径对接障碍管时，（　　）不是焊接质量的检查项目。

    A. 外观检验   B. 通球检验及断口检验

    C. X 射线检验   D. 弯曲试验

33. 奥氏体不锈钢的稳定化热处理温度范围是（　　）。

    A. 850～930℃   B. 600～650℃   C. 1010～1150℃

34. 不锈钢中含碳量越高，晶间腐蚀倾向（　　）。

    A. 越小   B. 小   C. 越大   D. 不变

35. 在射线检验的胶片上，焊缝夹渣的特征图像是（　　）。

    A. 黑点   B. 白点

    C. 黑色或浅黑色的点状或条纹

36. CO_2 气体保护焊或 MAG 半自动焊焊接 12mmV 形坡口对接仰焊试件时，焊接层次为（　　）。

    A. 2 层 2 道   B. 2 层 3 道   C. 3 层 3 道   D. 3 层 4 道

37. CO_2 气体保护焊的焊丝伸出长度通常取决于（　　）。

    A. 焊丝直径   B. 焊接电流   C. 电弧电压   D. 焊接速度

38. 脉冲峰值电流的主要作用是使熔滴成为（　　）。

    A. 短路过渡   B. 滴状过渡   C. 喷射过渡

39. 铝及铝合金焊件 V 形坡口对接焊的最佳坡口角度为（　　）。

    A. 60°   B. 70°   C. 80°   D. 90°

40. 手工钨极氩弧焊时，焊枪直线断续移动主要用于（　　）mm 材料的焊接。

    A. 1～3   B. 3～6   C. 6～9   D. 9～12

41. 指引线是由箭头线和（　　）组成的。

    A. 两条基准线   B. 一条基准线   C. 三条基准线   D. 两条实线

42. 对极限偏差与公差的关系，下列说法正确的是：（　　）。

    A. 上极限偏差越大，公差越大

    B. 上、下极限偏差越大，公差越大

    C. 上、下极限偏差之差越大，公差越大

    D. 上、下极限偏差之差的绝对值越大，公差越大

43. 金属材料在静载荷作用下，抵抗变形和破坏的能力称为（　　）。

    A. 塑性   B. 韧性   C. 强度   D. 硬度

44. 1Cr17 是（　　）型不锈钢。

    A. 马氏体   B. 铁素体   C. 奥氏体   D. 奥氏体-铁素体

45. 铝及铝合金焊前必须仔细清理焊件表面的原因是为了防止产生（　　）。

    A. 热裂纹   B. 冷裂纹   C. 气孔   D. 烧穿

46. 焊接 12Cr18Ni9 不锈钢的焊条应选用（　　　）。

A. A002　　　　　B. A102　　　　　C. A132　　　　　D. A407

47. 为了防止出现焊缝咬边缺陷和确保焊缝熔透，手工 TIG 焊焊接铝及铝合金焊件时，弧长应保持（　　　）mm。

A. 0.5~2　　　B. 1.0~2.5　　　C. 1.5~3.0　　　D. 2.0~3.5

48. 均匀调节式埋弧自动焊机弧长发生变化后，恢复的时间要比等速送丝式焊机来得（　　　）。

A. 长　　　　　B. 短　　　　　C. 几乎一样

49. 晶闸管式整流电源的外特性为（　　　）。

A. 平特性　　　B. 下降特性　　　C. 缓降特性　　　D. L 形

50. （　　　）不是手工钨极氩弧焊所使用的电源。

A. 交流　　　B. 直流正接　　　C. 直流反接　　　D. 脉冲

51. 开关式晶体管电源，可以通过控制达到（　　　）脉冲过渡一个熔滴，电弧稳定，焊缝成型美观。

A. 一个　　　B. 二个　　　C. 三个　　　D. 四个

52. 铝合金板材各个熔核之间最小间隙通常大于板厚的（　　　）倍。

A. 6　　　　　B. 8　　　　　C. 10　　　　　D. 12

53. 按矫正时被矫正工件的温度分类可分为（　　　）两种。

A. 冷矫正，热矫正　　　　　　　B. 冷矫正，手工矫正

C. 热矫正，手工矫正　　　　　　D. 手工矫正，机械矫正

54. 低碳钢多层多道焊焊缝的组织为（　　　）。

A. 细小的铁素体+少量珠光体　　　B. 粗大的铁素体+少量珠光体

C. 奥氏体　　　　　　　　　　　D. 粒状贝氏体

55. 采用锤击焊缝区法减小焊接残余应力时应避免在（　　　）℃间进行。

A. 100~150　　　B. 200~300　　　C. 400~500　　　D. 500~600

56. 铝合金焊接时，焊缝容易产生（　　　）。

A. 热裂纹　　　B. 冷裂纹　　　C. 再热裂纹　　　D. 层状撕裂

57. 钨极氩弧焊焊接铝及铝合金采用交流焊的原因是（　　　）。

A. 飞溅溅小　　　　　　　　　　B. 成本低

C. 设备简单　　　　　　　　　　D. 具有阴极破碎作用和防止钨极熔化

58. 铝合金焊接时，产生的夹渣主要是（　　　）。

A. Al_2O_3　　　B. S　　　　　C. P　　　　　D. FeO

59. 激光焊接的能量密度，聚焦后的功率密度可达（　　　）W/cm^2，甚至于更高。

A. 10^3~10^5　　　B. 10^5~10^7　　　C. 10^7~10^9　　　D. 10^9~10^{12}

60. 焊接电流过大，焊件表面容易过热，导致电极端部受热变形并与焊件表面发生粘连，形成 $CuAl_2$，恶化了电极的导电性和导热性，使继续进行的焊接发生更严重的粘连，极大地降低其（　　　）性能。

A. 抗拉强度　　　　　　　　　　B. 塑性

C. 抗腐蚀性　　　　　　　　　　D. 屈服强度

二、多项选择题：共 20 分　每题 1 分。（请从备选项中选取正确答案填写在括号中。错选、漏选、多选均不得分，也不反扣分。）

1. 加强职业道德修养的途径有（　　）。
   A. 树立正确的人生观
   B. 培养自己良好的行为习惯
   C. 学习先进人物的优秀品质，不断激励自己
   D. 坚决同社会上的不良现象做斗争

2. 读装配图的基本要求（　　）。
   A. 了解部件的用途和工作原理
   B. 弄清零件的作用及结构形状
   C. 了解零件图的画法
   D. 了解零件间的相互位置、装配关系及安装顺序

3. 工业纯铝的特性是（　　）。
   A. 熔点低　　　　　B. 易氧化，耐腐蚀性好　　　　C. 导热性好
   D. 线胀系数大　　　E. 塑性好　　　　　　　　　　F. 强度不高

4. 铁碳合金组织的基本相是（　　）。
   A. 铁素体　　　　　B. 奥氏体　　　　　　　　　　C. 珠光体
   D. 渗碳体　　　　　E. 莱氏体

5. 用来焊接纯铝的焊丝型号是（　　）。
   A. SAl-1　　　　　B. SAl-3　　　　　　　　　　　C. SAlSi-1
   D. SAlMg-5　　　　E. SAlMn　　　　　　　　　　　F. HSCuZn-1

6. 氩弧焊机的调试内容主要是对（　　）等进行调试。
   A. 电源参数　　　　B. 控制系统的动能　　　　　　C. 控制系统的精度
   D. 供气系统完好性　E. 焊枪的发热情况

7. 火焰矫正法矫正变形适用于（　　）。
   A. 低碳钢　　　　　B. 中碳钢　　　　　　　　　　C. 奥氏体不锈钢
   D. 耐热钢　　　　　E. Q355　　　　　　　　　　　F. 马氏体不锈钢

8. 铝及铝合金点焊机必须具有（　　）特性。
   A. 焊接电流波形最好有缓升缓降的特点
   B. 能提供阶梯形和马鞍形的电极压力
   C. 能在短时间内提供大电流进行焊接
   D. 具有稳压装置，能精确控制焊接参数
   E. 焊机机头的惯性和摩擦力较小

9. 压力容器焊接时产生的缺陷主要有（　　）。
   A. 冷裂纹　　　　　B. 夹渣　　　　　　　　　　　C. 气孔
   D. 未焊透　　　　　E. 未熔合　　　　　　　　　　F. 咬边

10. 冲击试验是用来测定焊接接头和焊缝金属的（　　）。
    A. 韧性　　　　　　B. 脆性转变温度　　　　　　　C. 塑性
    D. 伸长率　　　　　E. 断面收缩率　　　　　　　　F. 冷弯角

11. 对电动机控制的一般原则，归纳起来有（　　）几种。

A. 行程控制原则　　　B. 点动控制原则　　　　C. 时间控制原则

D. 顺序控制原则　　　E. 速度控制原则　　　　F. 电流原则

12. 按照人体触及带电体的方式和电流通过人体的途径，触电可以分为（　　）等种类型。

A. 低压单相触电　　　B. 低压两相触电

C. 跨步电压触电　　　D. 过分接近高压电气设备的触电

13. 奥氏体不锈钢焊接时，产生热裂纹的原因之一是（　　）等元素形成低熔点共晶杂质的偏析比较严重。

A. 碳　　　　　　　　B. 锰　　　　　　　　　C. 硅

D. 磷　　　　　　　　E. 硫　　　　　　　　　F. 镍

14. 为防止奥氏体不锈钢焊缝发生晶间腐蚀，要（　　）。

A. 降低含碳量　　　　B. 添加足够量的 Ti　　　C. 添加足够量的 Nb

D. 控制焊缝含有适当量的一次铁素体　　　　E. 添加锰

F. 添加硅

15. 断续点滴填丝法适用于（　　）的焊接。

A. T 形接头　　　　　B. 对接接头　　　　　　C. 角接接头

D. 搭接接头　　　　　E. 卷边接头

16. 铝及铝合金具有（　　）等特点，因而给焊接带来一定困难。

A. 熔点低　　　　　　B. 导热性好　　　　　　C. 热胀系数大

D. 易氧化　　　　　　E. 高温强度低　　　　　F. 耐蚀性好

17. 感应钎焊可用于钎焊（　　）等。

A. 碳素钢　　　　　　B. 不锈钢　　　　　　　C. 铜及铜合金

D. 金属钛

18. 常用的硬钎料有（　　）和镍基钎料。

A. 铜基钎料　　　　　B. 镉基钎料　　　　　　C. 铝基钎料

D. 银基钎料

19. CO_2 气体保护焊或半自动 MAG V 形坡口对接仰焊试件焊接时，填充层焊接要注意的问题是（　　）。

A. 焊接前的清理　　　B. 控制两侧坡口的熔合　　C. 控制熔孔的大小

D. 控制焊道的厚度　　E. 控制焊枪的摆动幅度

20. 锅炉和压力容器都具有同一般机械设备所不同的特点，这些特点是（　　）。

A. 工作条件恶劣　　　B. 操作困难　　　　　　C. 容易发生事故

D. 使用广泛并要求连续运行　　　　　　　　E. 要求塑性好

F. 都在高温下工作

三、判断题：共 20 分，每题 1 分。（正确的打"√"，错误的打"×"。错答、漏答均不得分，也不反扣分。）

（　　）1. 职业道德的实质内容是建立全新的社会主义劳动关系。

（　　）2. 常见的剖视图有全剖视图、半剖视图和局部剖视图。

（　　）3. 锰可以减轻硫对钢的有害性。

（　　）4. 铝的化学活泼性很高，容易在空气中与氧形成牢固、致密的氧化膜。

（　　）5. 异种金属焊接时，原则上希望熔合比越小越好，所以一般开较小的坡口。

（　　）6. 当两种金属的线胀系数和热导率相差很大时，焊接过程中会产生很大的热应力。

（　　）7. 钎剂可改善液态钎料对工件金属的浸润性，增大钎料填充能力。

（　　）8. 焊条电弧焊焊接对接仰焊时，灭弧法接头更换焊条前，应在熔池前方做一熔孔，然后回带 10mm 左右再熄弧。

（　　）9. 在压力容器上焊接临时吊耳和拉筋的垫板割除后留下的焊疤必须打磨平滑。

（　　）10. 室外临时使用电源时，临时动力线不得沿地面拖拉，架设高度应不低于 2.5m。

（　　）11. 劳动合同被确认无效后，应当依法予以解除。

（　　）12. 管件对接装配时，应修磨钝边 0.5～1.0mm。

（　　）13. 炉中钎焊不可用还原性气体或惰性气体保护。

（　　）14. 奥氏体不锈钢焊件焊后的残余变形能用火焰加热进行矫正。

（　　）15. 垂直固定管气焊时，若采用左焊法时，需进行单层焊。

（　　）16. CO_2 气路内的预热器，其作用是防止瓶阀和减压器冻坏或气路堵塞。

（　　）17. 埋弧焊机的调试内容包括电源、控制系统、小车三个部分的性能与参数测试和焊接试验。

（　　）18. 手工 TIG 焊焊接铝及铝合金时，添加焊丝的方法有推丝填丝法和断续点滴填丝法两种。

（　　）19. 为了防止引弧时造成夹钨的缺陷，钨极氩弧焊时，最好在碳精块或不锈钢板上引弧，待电弧稳定燃烧后再移到待焊处。

（　　）20. 奥氏体不锈钢焊接时，产生晶间腐蚀的原因是晶粒边界线形成铬的质量分数降至 12% 以下的贫铬区。

模拟试卷样例一答案

一、单项选择题

1. B	2. C	3. B	4. A	5. B	6. C	7. B	8. B	9. D	10. A
11. D	12. B	13. A	14. D	15. C	16. C	17. D	18. A	19. D	20. C
21. C	22. B	23. D	24. A	25. B	26. A	27. C	28. A	29. D	30. A
31. B	32. C	33. A	34. C	35. C	36. A	37. A	38. C	39. B	40. B
41. A	42. D	43. C	44. B	45. A	46. C	47. A	48. C	49. B	50. A
51. A	52. B	53. A	54. A	55. B	56. A	57. D	58. A	59. B	60. C

二、多项选择题

1. ABCD	2. ABD	3. ABCDEF	4. ABD	5. AB	6. ABCDE
7. AE	8. ABCDE	9. ABCD	10. AB	11. ACEF	12. ABCD
13. ADEF	14. ABCD	15. BCE	16. ABCDE	17. ABC	18. ACD
19. ABD	20. ACD				

三、判断题

1. ×　2. √　3. √　4. √　5. ×　6. √　7. √　8. √　9. √　10. √
11. ×　12. √　13. ×　14. ×　15. √　16. √　17. √　18. √　19. √　20. √

模拟试卷样例二

一、单项选择题：共 60 分，每题 1 分。（请从备选项中选取正确答案填写在括号中。错选、漏选、多选均不得分，也不反扣分。）

1. 忠于职守就是要求把自己（　　）的工作做好。
　　A. 道德范围内　　　B. 职业范围内　　　C. 生活范围内　　　D. 社会范围内

2. （　　）是从业的基本功，是职业素质的核心内容。
　　A. 科学文化素质　　B. 专业技能素质　　C. 职业道德素质　　D. 身心健康素质

3. 零件图样中，能够准确地表达物体的尺寸与（　　）的图形称为图样。
　　A. 形状　　　　　　B. 公差　　　　　　C. 技术要求　　　　D. 形状及其技术要求

4. （　　）不是看标题栏、明细表应了解的内容。
　　A. 焊接结构件的名称、材质　　　　　　B. 焊接件的板厚、焊缝长度
　　C. 焊缝符号标注内容　　　　　　　　　D. 结构件的数量

5. 评定表面粗糙度时，一般在横向轮廓上评定，其理由是（　　）。
　　A. 横向轮廓比纵向轮廓的可观察性好
　　B. 横向轮廓上表面粗糙度比较均匀
　　C. 在横向轮廓上可得到高度参数的最小值
　　D. 在横向轮廓上可得到高度参数的最大值

6. 金属材料随温度的变化而膨胀收缩的特性称为（　　）。
　　A. 导热性　　　　　B. 热膨胀性　　　　C. 导电性　　　　　D. 磁性

7. 低合金钢中合金元素的质量分数总和小于（　　）。
　　A. 15%　　　　　　B. 10%　　　　　　C. 8%　　　　　　 D. 5%

8. 纯铜中含有的杂质主要有铅、铋、氧、（　　）等。
　　A. 硫和磷　　　　　B. 锰　　　　　　　C. 氢　　　　　　　D. 氮

9. 2Cr13 是（　　）型不锈钢。
　　A. 马氏体　　　　　B. 铁素体　　　　　C. 奥氏体　　　　　D. 奥氏体-铁素体

10. 常用来焊接除铝镁合金以外的铝合金的通用焊丝型号是（　　）。
　　A. SAl-3　　　　　 B. SAlSi-1　　　　　C. SAlMn　　　　　 D. SAlMg-5

11. 铝及铝合金工件和焊丝表面清理以后，在潮湿的情况下，一般应在清理后（　　）内施焊。
　　A. 4h　　　　　　　B. 12h　　　　　　　C. 24h　　　　　　 D. 36h

12. IGBT 逆变焊机的逆变频率是（　　）。
　　A. 5kHz 以下　　　 B. 16~20kHz　　　　C. 20kHz 以上

13. 手工钨极氩弧焊焊接铝及铝合金时，采用的电源及极性是（　　）。
　　A. 直流正接　　　　B. 直流反接　　　　C. 交流　　　　　　D. 直流正接或交流

14. 水平固定管气焊时，焊嘴、焊丝与管子切线的夹角一般为（　　）。

A. 35°   B. 40°   C. 45°   D. 50°

15. 铝及铝合金焊前必须仔细清理焊件表面的原因是为了防止产生（   ）。

A. 热裂纹   B. 冷裂纹   C. 气孔   D. 塌陷

16. Q355 钢管对接时，应选用（   ）焊条。

A. E6015   B. E5015   C. E4303   D. E5034

17. 点焊和缝焊的接头形式多用（   ）。

A. 对接接头   B. 角接接头   C. T 型接头   D. 搭接接头

18. 锅炉压力容器是生产和生活中广泛使用的（   ）的承压设备。

A. 固定式   B. 提供电力   C. 换热和贮运   D. 有爆炸危险

19. 压力容器相邻两筒节间的纵焊缝应错开，其焊缝中心线之间的外圆弧长一般应大于筒体厚度的 3 倍，且不小于（   ）mm。

A. 80   B. 100   C. 120   D. 150

20. 奥氏体不锈钢焊接时，在保证焊缝金属抗裂性和抗腐蚀性能的前提下，应将铁素体相控制在（   ）范围内。

A. <5%   B. >5%   C. <10%

21. 焊接接头金相试验的目的是检验焊接接头的（   ）。

A. 致密性   B. 强度   C. 冲击韧性   D. 组织及内部缺陷

22. 熔断器的种类分为（   ）。

A. 瓷插式和螺旋式两种   B. 瓷保护式和螺旋式两种
C. 瓷插式和卡口式两种   D. 瓷保护式和卡口式两种

23. 正弦交流电三要素不包括（   ）。

A. 最大值   B. 周期   C. 初相角   D. 相位差

24. 材料的（   ），容易获得合格的冲裁件。

A. 剪切强度高   B. 组织不均匀   C. 表面光洁平整   D. 有机械性损伤

25. 焊工工作场地要有良好的自然采光或局部照明，以保证工作面照度达（   ）lx。

A. 30~50   B. 50~100   C. 100~150   D. 150~200

26. 依据《劳动法》规定，劳动合同可以约定试用期。试用期最长不超过（   ）。

A. 12 个月   B. 10 个月   C. 6 个月   D. 3 个月

27. 12mm 以下的低碳钢和低合金钢板焊件一般采用（   ）的方法下料。

A. 剪板机   B. 气割机   C. 锯床   D. 车床

28. 对接仰焊打底焊采用两点击穿法灭弧焊时，灭弧频率为（   ）次/min。

A. 10~30   B. 20~40   C. 30~50   D. 40~60

29. 管径 $\phi \geq 76$mm 的 45°固定对接焊采用直拉法盖面时，一般采用（   ）运条法。

A. 直线不摆动   B. 前后往返摆动   C. 月牙形   D. 锯齿形

30. 不锈钢管对接采用焊条电弧焊焊接时，应将焊件坡口表面及其正反面两侧（   ）mm 范围内污物清理干净。

A. 10~20   B. 20~30   C. 30~40   D. 40~50

31. 检查奥氏体不锈钢表面微裂纹应选用（   ）。

A. 磁粉检测   B. 渗透检测   C. X 射线检测   D. 超声波检测

32. CO_2 气体保护焊焊接厚板工件时，熔滴过渡的形式应采用（　　）。

A. 短路过渡　　　　B. 粗滴过渡　　　　C. 射流过渡　　　　D. 喷射过渡

33. CO_2 气体保护焊或 MAG 半自动 V 形坡口对接仰焊试件打底焊时，焊枪做小幅度
（　　）摆动。

A. 锯齿形　　　　B. 月牙形　　　　C. 圆圈形　　　　D. 直线往返形

34. 大直径管垂直固定焊 CO_2 气体保护焊打底焊时，采用左焊法，在试件右侧定位焊缝
上引弧，由右向左开始焊接的过程中，焊枪做小幅度的（　　）摆动。

A. 月牙形　　　　B. 锯齿形　　　　C. 圆圈形　　　　D. 三角形

35. 对钨极氩弧焊机的气路进行检查时，气压为（　　）MPa 时，检查气管有无明显变
形和漏气现象，打开试气开关时，送气正常。

A. 1　　　　B. 0.5　　　　C. 0.1　　　　D. 0.3

36. 加热温度区间在（　　）℃范围内，是奥氏体不锈钢的晶间腐蚀的敏化温度区。

A. 150~450　　　　B. 450~850　　　　C. 850~950　　　　D. 950~1050

37. 厚度为 15~25mm 的焊件熔化极氩弧焊时，通常开（　　）单面 V 形坡口。

A. 60°　　　　B. 70°　　　　C. 80°　　　　D. 90°

38. 手工钨极氩弧焊焊接板对接仰焊打底焊时，要压低电弧，焊枪做（　　）摆动。

A. 月牙形　　　　B. 圆圈形　　　　C. 直线形　　　　D. 直线往复形

39. 焊接铝及铝合金时，在焊件坡口下面放置垫板的目的是为了防止（　　）。

A. 热裂纹　　　　B. 冷裂纹　　　　C. 气孔　　　　D. 塌陷

40. 焊接电流过大，焊件表面容易过热，导致电极端部受热变形并与焊件表面发生粘
连，形成 $CuAl_2$，恶化了电极的导电性和导热性，使继续进行的焊接发生更严重的粘连，极
大地降低其（　　）性能。

A. 抗拉强度　　　　B. 塑性　　　　C. 抗腐蚀性　　　　D. 屈服强度

41. 熔化极氩弧焊焊接铝及铝合金采用的电源及极性是（　　）。

A. 直流正接　　　　B. 直流反接　　　　C. 交流　　　　D. 直流正接或交流

42. 水平固定管道组对时应特别注意间隙尺寸，一般应（　　）。

A. 上大下小　　　　B. 上小下大　　　　C. 左大右小　　　　D. 左小右大

43. 手工钨极氩弧焊填丝的基本操作技术没有（　　）。

A. 连续填丝

B. 断续填丝

C. 焊丝紧贴坡口与钝边同时熔化填丝

D. 焊丝放在坡口内熔化填丝

44. 奥氏体不锈钢焊接时，与腐蚀介质接触的焊缝应（　　）。

A. 先焊　　　　B. 后焊　　　　C. 最后焊

45. 焊条电弧焊焊接小直径对接障碍管试件做通球试验时，检验球的直径应为管内径的
（　　）。

A. 80%　　　　B. 85%　　　　C. 90%　　　　D. 95%

46. 焊条电弧焊焊接奥氏体不锈钢管对接缝时，生产中常采用（　　）焊条。

A. 酸性　　　　B. 碱性　　　　C. 酸性或碱性两者均可

47. 铝及铝合金电阻焊时，由于塑性温度范围窄、线胀系数大，要求焊接时必须有
（　　）电极压力，才能在焊接过程中，避免熔核凝固时因过大的内部拉应力而引起的

裂纹。

    A. 较大的   B. 较小的   C. 小的   D. 与碳钢相同的

48. 凡承受流体介质的 (　　) 设备称为压力容器。

    A. 耐热   B. 耐磨   C. 耐腐蚀   D. 密封

49. 低温容器是指容器的工作温度等于或低于 (　　) 的容器。

    A. −10℃   B. −20℃   C. −30℃   D. −40℃

50. (　　) 不是防止夹渣和未熔合的措施。

    A. 正确选择焊接参数   B. 采用正确的运条方法

    C. 焊后热处理   D. 认真清理层间熔渣

51. 小直径管对接水平固定 TIG 焊时，如果引弧时弧长控制不好，焊接速度过快，焊丝填充量不足不会产生 (　　)。

    A. 背面成形不良   B. 裂纹   C. 未焊透   D. 烧穿

52. 减小焊件焊接应力的工艺措施之一是 (　　)。

    A. 焊前将焊件整体预热

    B. 使焊件焊后迅速冷却

    C. 组装时强力装配，以保证焊件对正

53. 当采用溶剂去除型着色渗透剂检验焊缝质量时，渗透时间应控制在 (　　) 为宜。

    A. 10~20min   B. 30min   C. 5min

54. 焊接接头拉伸试验时，用于接头拉伸试验试件的数量，应不少于 (　　) 个。

    A. 1   B. 2   C. 3   D. 4

55. 布氏硬度是用测定压痕 (　　) 来求得的硬度。

    A. 对角线   B. 直径   C. 深度   D. 周长

56. 检查焊缝金属的 (　　) 时，常进行焊接接头的断口检验。

    A. 强度   B. 内部缺陷   C. 致密性   D. 冲击韧性

57. 斜 Y 形坡口对接裂纹试验方法的试件中间开 (　　) 坡口。

    A. X 形   B. U 形   C. V 形   D. 斜 Y 形

58. 交流接触器不适用于 (　　)。

    A. 交流电路控制   B. 直流电路控制

    C. 照明电路控制   D. 大容量控制电路

59. 用电流表测得的交流电流的数值是交流电的 (　　) 值。

    A. 有效   B. 最大   C. 瞬时   D. 平均

60. 按矫正时被矫正工件的温度分类可分为 (　　) 两种。

    A. 冷矫正，热矫正   B. 冷矫正，手工矫正

    C. 热矫正，手工矫正   D. 手工矫正，机械矫正

二、多项选择题：共20分　每题1分。（请从备选项中选取正确答案填写在括号中。错选、漏选、多选均不得分，也不反扣分。）

1. 为人民服务作为社会主义职业道德的核心精神，是社会主义职业道德建设的核心，体现了中国共产党的宗旨，其低层次的要求是 (　　)。

    A. 人人为我   B. 为人民服务   C. 人人为党   D. 我为人人

2. 在企业生产经营活动中，员工之间团结互助的要求包括（　　）。

A. 讲究合作，避免竞争　　　　　　　　B. 平等交流，平等对话

C. 既合作，又竞争，竞争与合作相统一　　D. 互相学习，共同提高

3. 焊接与铆接相比，它具有（　　）等特点。

A. 节省金属材料　　B. 减轻结构重量　　C. 接头密封性好

D. 不易实现机械化和自动化　　　　　　E. 制造周期长

F. 提高生产率

4. 金属材料的物理、化学性能是指材料的（　　）等。

A. 熔点　　　　　　B. 导热性　　　　　　C. 导电性　　　　　　D. 硬度

E. 塑性　　　　　　F. 抗氧化性

5. 下列铝合金中（　　）属于非热处理强化铝合金。

A. 铝镁合金　　　　B. 硬铝合金　　　　　C. 铝硅合金

D. 铝锰合金　　　　E. 锻铝合金　　　　　F. 超硬铝合金

6. 气焊（　　）金属材料时必须使用熔剂。

A. 低碳钢　　　　　B. 低合金高强度钢　　C. 不锈钢

D. 耐热钢　　　　　E. 铝及铝合金　　　　F. 铜及铜合金

7. 固溶强化使金属材料（　　）。

A. 强度升高　　　　B. 硬度升高　　　　　C. 塑性升高

D. 强度下降　　　　E. 硬度下降　　　　　F. 塑性下降

8. CO_2 气体保护焊机的供气系统由（　　）组成。

A. 气瓶　　　　　　B. 预热器　　　　　　C. 干燥器

D. 减压阀　　　　　E. 流量计　　　　　　F. 电磁气阀

9. 长期接触噪声可引起噪声性耳聋及对（　　）的危害。

A. 呼吸系统　　　　B. 神经系统　　　　　C. 消化系统　　　　　D. 血管系统

E. 视觉系统

10. 增加焊接结构的返修次数，会使（　　）。

A. 焊接应力减小　　B. 金属晶粒粗大　　　C. 金属硬化

D. 产生裂纹等缺陷　　　　　　　　　　　E. 提高焊接接头强度

F. 降低焊接接头的性能

11. 铝合金板电阻点焊焊缝质量检验的内容包括（　　）。

A. 焊点距离边缘误差　　　　　　　　　　B. 熔核之间误差

C. 熔核最小直径　　　　　　　　　　　　D. 无表面裂纹、表面喷溅

E. 熔核焊透率　　　　　　　　　　　　　F. 表面凹陷

12. 左焊法的特点是（　　）。

A. 容易观察焊接方向，看清焊缝

B. 电弧不直接作用于母材上，因而熔深较浅，焊道平而宽

C. 抗风能力强，保护效果较好

D. 飞溅较大，易焊偏

13. 焊接接头的金相试验是用来检查（　　）的金相组织情况，以及确定焊缝内部缺

陷等。

  A. 焊缝   B. 热影响区   C. 熔合区   D. 母材

14. 正弦交流电的最大值是指（ ）的瞬时值中数值最大的，分别为它们的最大值。

  A. 交流电阻   B. 交流电势   C. 交流电压   D. 交流电流

15. 焊条电弧焊焊接对接仰焊打底焊，采用连弧焊法时的操作要点是（ ）。

  A. 看   B. 听   C. 准   D. 稳

  E. 运条正确   F. 焊接电流合适

16. 焊接 06Cr19Ni10 奥氏体不锈钢，一般选用（ ）焊条。

  A. G202   B. A102   C. A302   D. A107

  E. A132   F. A402

17. 给水管道应进行（ ）试验。

  A. 强度   B. 水压   C. 渗水量   D. 弯曲

  E. 刚性   F. 稳定性

18. 埋弧焊机控制系统测试的主要内容是（ ）。

  A. 测试送丝速度   B. 测试引弧操作是否有效和可靠

  C. 电流和电压的调节范围   D. 测试小车行走速度

  E. 电源的调节特性试验   F. 检查各控制按钮是否灵活和有效

19. 焊接接头的拉伸试验可用来检验（ ）的材料强度和塑性。

  A. 焊缝   B. 熔合区   C. 热影响区   D. 母材

20. 通过焊接接头金相组织的分析，可以了解焊缝金属中各种纤维氧化物的形态、晶粒度以及组织状况，从而对（ ）的合理性做出相应的评价。

  A. 焊接材料   B. 工艺方法   C. 环境温度

  D. 工艺参数   E. 湿度   F. 操作技能

三、判断题：共 20 分，每题 1 分。（正确的打"√"，错误的打"×"。错答、漏答均不得分，也不反扣分。）

  （ ）1. 忠于职守就是要求把自己职业范围内的工作做好。

  （ ）2. 装配图中相邻两个零件的非接触面由于间隙很小，只需画一条轮廓线。

  （ ）3. 相平衡是指合金中几个相共存而不发生变化的现象。

  （ ）4. 钎焊比较大的焊件或机械化火焰钎焊时，可采用装有多焰喷嘴的专用钎焊炬。

  （ ）5. 气焊管子时，既要保证焊透，又要防止烧穿而产生焊瘤。

  （ ）6. 钨极氩弧焊机的调试内容主要是对电源参数、控制系统的功能及其精度、供气系统完好性、焊枪的发热情况等进行调试。

  （ ）7. 选择熔断器时要做到下一级熔体比上一级熔体规格大。

  （ ）8. 消除材料或制件的弯曲、翘曲、凸凹不平的工艺方法就叫矫正。

  （ ）9. 熔化极脉冲气体保护焊可以使用比临界电流小的平均电流得到稳定的射滴过渡。

  （ ）10. 粗丝 CO_2 焊时，熔滴过渡形式往往都是短路过渡。

  （ ）11. X 射线检验后，在照相胶片上深色影像的焊缝中所显示较白的斑点和条纹即是缺陷。

（　　）12. 小直径管对接水平固定 TIG 焊时，打底层焊道的厚度为 3mm 左右，太薄易导致在盖面时将焊道烧穿，或使焊缝背面内凹或剧烈氧化。

（　　）13. 在坡口中留钝边是为了防止烧穿，钝边的尺寸要保证第一层焊缝能焊透。

（　　）14. 焊接热影响区的性能变化决定于化学成分和化学组织的变化。

（　　）15. 被吊销焊工合格证者，6 个月后就可提出焊工考试申请。

（　　）16. 焊接装配图是供焊接施工使用，用来表达需要焊接的产品上相关焊接技术要求的图样。

（　　）17. 焊缝基本符号是表示焊缝横剖面形状的符号。

（　　）18. 纯铝和防锈铝热裂倾向大。

（　　）19. 为保证钎焊接头间隙，对钎焊接头接合面应有合理的表面粗糙度值要求，一般应达到 $Ra6.3\mu m$ 以上。

（　　）20. 钨极氩弧焊机测试电源恒流特性时，应选择几个电流值进行焊接，并通过观察电压表、电流表显示的数据来判断电压及电流的变化。

模拟试卷样例二答案

一、单项选择题

1. B　2. B　3. D　4. C　5. D　6. B　7. D　8. A　9. A　10. B
11. A　12. B　13. C　14. C　15. C　16. B　17. D　18. D　19. B　20. A
21. D　22. A　23. D　24. C　25. B　26. C　27. A　28. C　29. C　30. B
31. B　32. B　33. A　34. B　35. B　36. B　37. D　38. A　39. D　40. C
41. B　42. A　43. D　44. C　45. B　46. A　47. B　48. D　49. B　50. C
51. D　52. A　53. A　54. A　55. B　56. B　57. D　58. C　59. A　60. A

二、多项选择题

1. AD　2. BCD　3. ABCF　4. ABCF　5. AD　6. CDEF
7. ABF　8. ABCDEF　9. BD　10. BCDF　11. ABCDEF　12. ABC
13. ABCD　14. BCD　15. ABCD　16. BDE　17. AC　18. ABDEF
19. ABCD　20. ABD

三、判断题

1. √　2. ×　3. √　4. √　5. √　6. √　7. ×　8. √　9. √　10. ×
11. √　12. √　13. √　14. ×　15. ×　16. √　17. √　18. ×　19. √　20. ×

参 考 文 献

[1] 张应立，周玉华. 焊工手册 ［M］. 北京：化学工业出版社，2018.

[2] 扈成林. 气焊与气割实训指导书 ［M］. 北京：中国铁道出版社，2015.

[3] 张能武. 焊工入门与提高全程图解 ［M］. 北京：化学工业出版社，2018.

[4] 王飞，盛国荣，王德涛. 焊工：高级 ［M］. 北京：机械工业出版社，2011.

[5] 张元彬. 钎焊 ［M］. 北京：化学工业出版社，2014.

[6] 张应立. 新编焊工实用手册 ［M］. 北京：金盾出版社，2004.

[7] 刘云龙. 焊工技师手册 ［M］. 北京：机械工业出版社，2000.

[8] 洪松涛，林圣武，郑应国，等. 钎焊一本通 ［M］. 上海：上海科学技术出版社，2014.

[9] 李亚江，等. 先进焊接/连接工艺 ［M］. 北京：化学工业出版社，2015.

[10] 《职业技能培训 MES 系列教材》编委会. 焊工技能 ［M］. 北京：航空工业出版社，2008.